世にも美しい数学入門

藤原正彦／小川洋子
Fujiwara Masahiko　Ogawa Yoko

JN275923

★――ちくまプリマー新書
011

目次 ＊ Contents

挿絵　南伸坊

まえがき

小川洋子

三年ほど前、ふとしたきっかけから数学者を主人公にした小説を書こうと思い立った。それまで私は小説のために取材をした経験がほとんどなく、勝手な想像に任せて書くことが多かったのだが、数学者に関してはちょっとそれではすまない予感がした。自分とはあまりにもかけ離《はな》れた、想像を絶する場所に生きている人々、というイメージがあったからだ。そこである方に仲介《ちゅうかい》をお願いし、藤原正彦《ふじわらまさひこ》先生を紹介《しょうかい》していただいたのである。

初めてお茶の水女子大学の研究室へお邪魔《じゃま》した日のことは忘れられない。一体、数学者とはどんな装《よそお》いをしているものなのか、どんな態度、言葉遣《ことばづか》いで接してくるのか、そもそも小説の取材などという怪《あや》しげな理由で押しかけてくる作家に、挨拶《あいさつ》して下さるのか、不機嫌《ふきげん》に追い返されるのではないか……と、さまざまな不安で一杯《いっぱい》だった。

ところが、私を迎《むか》える藤原先生の表情は、紳士的《しんしてき》な笑顔であった。研究室も想像を絶するようなところではなく、ごくありふれた部屋だった。先生はまるで詩を朗読《ろうどく》するように、音楽を奏《かな》でるように、数学の美について語って下さった。数字の世界に隠《かく》された真理がいかに崇高《すうこう》な永遠を体現しているか、示して下さった。生まれて初めて私が接した数学者は、ユーモアにあふれるロマンティストであった。

学生時代あれほど苦手だった数学が、芸術や自然と同じように人に感動を与えるものであることを知り、私は驚《おどろ》いた。そして偉大《いだい》な数の世界の前で頭《こうべ》を垂れ、叡知《えいち》の限りを尽《つ》くしてそこに潜《ひそ》む真理を掘《ほ》り起《お》こそうとする、数学者の健気《けなげ》な姿に感動を覚えた。藤原先生との出会いのおかげで私は、数と言葉を融合《ゆうごう》させた小説は必ず成立するという確信を持つことができた。

小説『博士の愛した数式』（新潮社《しんちょうしゃ》）が無事本になってからしばらく後、資生堂のトークショー「ワードフライデイ」で、藤原先生と対談させていただくことになった。それは刺激的《しげきてき》で楽しい対談となった。更《さら》に筑摩《ちくま》書房《しょぼう》から、そのトークショーをふくらませて本にしましょうというお話をいただいた。私にとって、思いがけない幸運なめぐり合わせだった。

本書の第一部は、資生堂の「ワードフライデイ」を元にした構成、第二部は改めて私が藤原先生に伺《うかが》ったお話をまとめたもの、という形になっている。

私の数学レベルは、分かりやすく言えば、町内の少年野球の補欠レベルであろう。藤原先生はもちろん大リーガーである。これだけの大きなギャップを背負っているにもかかわらず、私は一瞬《いっしゅん》たりとも退屈《たいくつ》をしなかった。それどころか次々と新しい地平が目の前に拓《ひら》け、いくらでも質問がわき出してきた。本書を手に取って下さる方々にも必ず、私の味わった胸の高鳴りが伝わるはずだと信じている。自分の立っている世界が、こんなにも美しい秘密《ひみつ》に満たされている事実を、一人でも多くの方と共有できれば幸いだ。

惜《お》しみないご協力をして下さった資生堂のスタッフの方々、本書のために情熱を傾《かたむ》けて下さった筑摩書房の方々に、御礼《おれい》を申し上げたい。

そして藤原先生に、心からの感謝を捧《ささ》げたい。どんなに的外れでつまらない私の質問に対しても、大リーガーが少年野球の補欠にボールの握《にぎ》り方《かた》を教えるごとく、真正面から答えて下さった先生の誠意の結晶《けっしょう》が、本書の一行一行になったと言える。

最後に、一つだけ残念なのは、白板に向かい数字を書き付けている時の先生のお姿が、いかに魅力的《みりょくてき》であったか、活字では伝わらないことである。

第一部

美しくなければ数学ではない

1　恋《こい》する数学者たちの集中力

小川　私は、『博士の愛した数式』という、数学者を主人公にした小説を書いたんですけれども、一番のきっかけになりましたのが、藤原正彦《ふじわらまさひこ》先生との出会いでした。先生が、「天才の栄光と挫折《ざせつ》」というテーマで、NHK教育テレビの人間講座でお話しなさっているのを、たまたま拝見していたんです。世界の古今東西の数学者の人生を先生が語っていらしたんですが、そのときの場所が、緑がすごく豊かで川が流れているような、自然の美しい場所でした。そういう自然の美しさと数学のもっている美しさとが非常にマッチしていて、あの番組にすごく心を惹《ひ》かれたんです。

藤原　ああ、そうなんですか。あれはもともと、スタジオでやろうかって言ってたんですね。ところが女房に、スタジオでやった場合、「あなたの顔を三十分大写しで見ているとみんな具合が悪くなる」と言われましてね。うしろに緑のそよぐところがいいということで、山の中でやったんです。

小川　あ、そうでしたか（笑）。

藤原　数学の美しさということと結びつけてくださって、ありがとうございます。

小川　あのときにアイザック・ニュートンとか、コンピューターを発明したアラン・チューリングとか、とりあげていらっしゃいましたね。なかには、ウィリアム・ハミルトンやソーニャ・コワレフスカヤなど、私自身も初めて耳にするような数学者も多かったんですが、それぞれの人生がとっても魅力的《みりょくてき》なんですね。彼らの成《な》し遂《と》げた数学的な成果を理解することは全くできなかったんですけど……。

藤原　数学でなくてもみんな同じなんでしょうけれども、ああいう天才というのは、峰《みね》が高いと谷底もまた深いといいますか。普通の人よりも栄光の峰は高いところにありますが、どん底に落ちたときは普通の人よりも何倍も深いどん底になります。したがってドラマティックな人生になりますよね。

小川　一番面白かったのが、数学に向かう執念深《しゅうねんぶか》さというか、持続力を恋愛《れんあい》に対して向けたときに、大変な不幸を招いてしまうということなんですよね。

藤原 あ、そうですね。ハミルトンという数学者なんかは、十九歳《さい》のときにキャサリンという娘《むすめ》に初恋をして、すごく愛したんだけど、失恋したわけですね。でも、ずっと思い続けるわけですよ。そして、二十六年経《た》ってからまた、彼女《かのじょ》の家のあったところを訪れる。でも、その時には事情があって廃屋《はいおく》となっていた。中に入ると、彼女が二十六年前に立っていた床《ゆか》に黄昏《たそがれ》の光が当たっているんですね。ハミルトンは、そこにひざまずいて口づけをする。二十六年経ってまだそれをやっているわけですよ。よほど変態というかね。でも数学者としては、よくわかるんですよ。私も人が見ていなければ、そういうことするだろうと……(笑)。

私の場合には、小学校から高校まで女性にぜんぜんもてなかったですからね。ずっと女性に対する憧《あこが》れがあって、恋に恋するような期間がものすごく長かったですから。女性は神々《こうごう》しくも美しいものと、妄想《もうそう》に妄想を重ねていました。だから、ハミルトンが床に口づけするっていうことを語るときには、自分がハミルトンになっちゃうんですね

（笑）。私の知っている人にＮＨＫのあの放送を見て、「その場面だけ、先生ちょっと涙《なみだ》ぐんでいなかったですか」って言われちゃってね。いけねー、見破られたかって思いましたけどね（笑）。五年、十年で忘れちゃうようなら、数学の問題は解けませんから。そういう意味では、天才のひらめきでパッと解けるなんていうことは、よほど簡単な問題以外はないんですよ。

小川　あ、そうなんですか。

藤原　何年も考えに考えて、それでもダメということで、失意というか、劣等感《れっとうかん》にとらわれますよね。自分はなんの才能もないのにこんな職業についちゃって、もうだめだというふうになる。そういうのがずっと続いて、その後で、神があるとき微笑《ほほえ》んでくれるわけですね。最後は念力で寄《よ》り倒《たお》すようなものです。だから五年、十年であきらめちゃうような数学者はいないんじゃないでしょうか。ずっとそれを考え続けているかどうかは別として、つかず離《はな》れず、未練がましくずっといくわけですね。だから、数学者に愛されたら、たまらないと思いますよ。相手の女性はね。

小川　一種のストーカー的資質を持っていないと、数学の真理は得られないということですね。

藤原　そう、そうですね。まあ、数学自身がなんの役にも立たないような、そういうものが多いわけで、それをずっと寝《ね》ても醒《さ》めても考えるわけですから。まあ、「ストーカー」ですな。うまい言葉を発見しましたですな。僕《ぼく》は、今日からストーカーになりました（笑）。

小川　いま先生がおっしゃったように、廃屋に黄昏の光が射していて、そこにハミルトンがひざまずいて口づけをするというお話ひとつを聞いても、作家としてはものすごく創作意欲をかきたてられるんですよね。多分、先生の感受性がそういう言葉を生み出すんじゃないかなと思うんですけど。

藤原　ほめられているんですかね。

小川　もうひとり、アラン・チューリングというコンピューターの基礎《きそ》を作った方も非常に不幸な人生でしたね。彼は学生時代に上級生に憧れて、恋心を抱《いだ》くんだけれども、それは同性愛なんです。その憧れの上級生が病気で早くに亡《な》くなってしまう。彼は、その上級生が立っていた土も愛したという、その一行が、非常に心に残っているんです。

藤原　なるほどそうですか。一種の集中力ですよね（笑）。

小川　人を愛しすぎると、土でも床でも愛してしまう。

藤原　当然ですよね（笑）。たとえば、その人が住んでいる駅に降りたら、もう興奮《こうふん》状態になるとか。たとえば好きな人が誰かの人妻《ひとづま》になっても、三十年後にそこへ降りたら、涙が出ちゃうとか。そういうような集中を長期間続けるということは、数学を考えるのと同じことなんですよね。

（『天才の栄光と挫折』は、新潮選書より刊行されています。）

2　数学は実用にすぐ役立たないから素晴らしい

小川　つまり、数学に対して集中することができるということは、数学がそれだけ魅力を持っているということですね。その魅力が一種、悪魔的《あくまてき》でもあるために人間が引きずりこまれると逃《のが》れられなくなるという感じですか。

藤原　そうですね、純粋《じゅんすい》数学をやりながら、人類に役に立つかどうかなんて考えている数学者は、たぶん歴史上、誰《だれ》もいないと思うんですよ。僕も人類の幸福なんて、考えたこともないですよ。幸福とか福祉《ふくし》とかね。ただ、数学は圧倒的《あっとうてき》に美しいですからね。それにひきこまれて、ズタズタになってもいいからいくという。そういうところがありますね。

小川　いま、先生が美しいとおっしゃいましたけれど、私も先生の『天才の栄光と挫折』を拝読してから興味を持っていろんな数学の読み物を読みますと、数学者がしきりに「美しさ」について語っていますよね。それまでは、数学なんていうのは、無機質で感情のないものを、冷徹《れいてつ》な心を持った人が論理的にやっている学問なんだろうと思いこんでいたんです。でも、数学者に一番必要なものは美意識だって、先生もお書きになっていらっしゃいましたね。

藤原　そうですね。たとえばエンジニアリングだったら、飛行機を速く飛ばすのに役立つとか、人類に役立つとか、いわゆる有用性がありますよね。一方、数学というものは本来は無益なものです。私のやっているものなんか、五百年経てば人類の役に立つかもしれないですけれど、いまはまったく役に立たない。そうすると、何によって価値判断するかというと、主に美しいかどうかなんですよね。したがって美的感受性を育てることが非常に重要なんです。

小川　ですから、私もそこが、芸術に遠くないというか、むしろ近い分野だなって思ったんです。小説も言ってみれば、たいした役には立っていませんものね（笑）。まあ、いま私の小説が世界から消えてしまっても、どなたにもご迷惑《めいわく》をおかけしないと思います。なんのためにやっているのかというと、きっと目に見えないなにかを得るためと思いますのでね。

藤原　でも、小説とか詩とか読みますと、感激することがありますね。それは人類のために役立っちゃってるんですよ。残念ながら。

小川　あ、役立っていますか。それはいけませんね（笑）。

藤原　なぜかっていうとね、人間というのは感激したい動物なんですね。涙っていうのは流れるためにあるんですね。したがって感激したいんですね。たとえば、悲劇をわざわざ金を出して見に行き泣くわけです。そんなありえない話でしょう。わざわざお金を出して泣きに行くっていう映画も、しょっちゅうある。あるいは悲恋物語を読むとかね。同じように、足というのは歩きたいんですね。だから、一日中歩かないと欲求不満になりますね。そして、手というのはものをつかんだり人をぶん殴《なぐ》りたいわけね。だから子供は自然に他人をぶん殴るでしょう。大人になるとおさえますけど。このように、人間というものは、脳は考えたい、足は歩きたい、手はつかんだりぶん殴りたいんです。そういう機能の一つとして、人間というのは感激したいものです。そういう欲求を満たしてくれる詩歌とか音楽とか文学とか芸術一般は、実用的な意義はなくともすごく人類に役立っていると思いますよ。

小川 数学者の人は、実用にすぐ役立っているというのはむしろ……。

藤原 恥《は》ずかしいことなんです（笑）。役立つというと格下になっちゃうんです。だから、ケンブリッジ大学でも、つい近年までは工学部というのはなかったんですよ。すぐに役に立っちゃうから。そういうものは学問とは見なさないんですね。

小川 あ、学問の定義がもうすでにそうなっているんですね。

藤原 そう、実用にすぐ役立たないものなんです。だから、数学とか哲学《てつがく》とか文学が一番偉《えら》いんですね。

小川 なるほどねえ。

藤原 数学とは当面は何の役にも立たないが、後世になって非常に役立つこともある、という奥床《おくゆか》しい学問なんです。ただ価値は高い。人間には感激したいという深い欲求があり、それを満たしてくれるのは、美しい自然は別格として、数学や文学をはじめとする文化や芸術以外にあまりないですからね。

小川　人間の涙がどうして流れるかというのは、医学的には説明がついていないらしいですからね。先生はやはり、お父様もお母様も文学の世界にいらっしゃるということで、数学者としての素養として、美に対して特別な体験をされたとか、芸術に対する豊かなものが数学に役立ったというようなご経験はおありですか。

藤原　そうですねえ。日曜日の朝なんかに、家族で話していると、庭の隅《すみ》の向こうでツユクサに水玉が光っているわけですよ。そうすると、父がそれを見て、あの水玉が七色に光っているのは、水玉に太陽の光があたって屈折《くっせつ》と反射を繰《く》り返《かえ》しているからなんだよって話してくれるんです。そのあとね、あの水玉を使って即興句《そっきょうく》を作ろうということになるんですね。

小川　わ、素晴らしい。

藤原　だから、科学の勉強と情緒《じょうちょ》の勉強を両方一緒《いっしょ》にしてもらったようなね。まあ、それにもかかわらず、僕は俳句下手ですけどね。父は一分に一句くらい、どんどん作るんですね。

小川　ちなみにお父さまは新田次郎《にったじろう》さん、お母さまは藤原ていさんです。

藤原　そうです。私もすごい勢いでつくるんですけど、ものすごい下手なの。で、母はずるくて絶対につくらないんですね。他人のをこきおろすだけなんですね（笑）。

3 俳句と日本人の美的感受性

小川 いま偶然《ぐうぜん》、俳句という言葉が出ましたけれど、実は数学において複雑な数学的現象を一行の数式でピッと統制する美しさと、大自然を五七五という最小の言葉で表現する俳句とは、非常に近いものがありますね。

藤原 そうですね。数学の美しさについては、いろんな定義がありますけれども、ひとつは魑魅魍魎《ちみもうりょう》といいますか複雑多様のものを、ひとつの数式で一気に統制してしまうという豪快《ごうかい》さというか、美しさというのがありますよね。本質をパッと切り取るっていうのは俳句と似ていますよね。

小川 日本固有のものですしね。

藤原 そうですね。だから日本国民はあまり知らないと思いますが、日本の理系で一番強いのは数学なんです。私の考えでは、あらゆる学芸の中で、国際水準からみて日本がもっとも強いのは文学なんですね。それから何歩か遅《おく》れて数学なんです。数学のすごさは、物理や化学や生物などよりはるかに上です。江戸時代の和算の頃からそうです。鎖《さ》国《こく》の中で関孝和《せきたかかず》や弟子《でし》の建部賢弘《たけべかたひろ》など大天才が輩出《はいしゅつ》しました。大正時代中期には高木貞《たかぎてい》治《じ》という天才が、類体論という壮大《そうだい》な理論を樹立《じゅりつ》して世界のトップに並んじゃった。第一次世界大戦により大先進国ドイツからの文献《ぶんけん》が途絶《とだ》えた時期に、まったく独立でやってしまった。

なんで、日本人が数学的にすごいかといいますと、美的感覚がすぐれているからなんです。二十数年前に亡くなられた、天才数学者の岡潔《おかきよし》先生は、日本に俳句があるからだとおっしゃる。大自然をたった五七五でビシッと表現しつくすと。子供のころから、そういう五七五に慣れていて、たった十七文字からまわり全体、地球全体、宇宙全体を想像するようになっている。たとえば「荒海《あらうみ》や佐渡《さど》に横たふ天河《あまのがわ》」とかね。目の前の荒海を見て、向こうの佐渡を見て、そして天の川という宇宙までいっちゃうというようなイマジネーションを、子供のころから鍛《きた》えていると。岡先生は、このイマジネーションは数学における創造のオリジナリティーと同じだとおっしゃるんですね。

小川　どうしてノーベル賞には数学賞がないんでしょうか。

藤原　それにはいくつか説があるんですけど、ノーベルという人はダイナマイトを発見した科学者ですね。彼は、さきほどちょっと話に出ましたソーニャ・コワレフスカヤという美人の女性数学者に恋しちゃうんですね。

小川　相手が数学者ですから根が深そうですね（笑）。

藤原　で、このソーニャというのは、見ると誰もが惚《ほ》れちゃう女性なんですね。男でも女でも時々いるんですね、とにかく異性を惹きつけちゃうという人が。

小川　しかも優秀。

藤原　ところが、ノーベルの恋敵《こいがたき》にミッタク・レフラーという数学者がいたんですね。その時、ノーベル賞に数学部門をつくったら、ミッタク・レフラーが獲《と》っちゃう。これはたまらないということで、数学賞をつくらなかったという説がある。

小川　それはまた、心の狭《せま》い人ですよね、ノーベルも。

ソーニャ・
コワレフスカヤ
ミッタク・
レフラー
くやしいから
ノーベル賞やんない
ノーベル

藤原　なんか、女ったらしだったようですよ（笑）。僕はミッタク・レフラーの味方ですから。

小川　数学者からしてみると、ノーベルは自分の発明でお金を稼《かせ》いだわけですから、もっとも許せないやつですね。

藤原　しかも、日本にとっては大損害ですよね。数学にノーベル賞があったら二十はいっていると思います。日本には昔からこういった美的感受性がとても発達していますから、数学におあつらえむきなのだと思います。

小川　小学校のときに九九を習って、生涯《しょうがい》忘れないっていう民族はあんまりいないみたいですよ。

藤原　そうですね、しかも奈良《なら》時代のころからそれをやっているわけですからね。そのころは、今とは逆に9×9から暗記し始めたらしいです、上から下がってくるという。当時はエリートが大学寮《だいがくりょう》というところでやっていたんですね。だけど、江戸時代になると、租税《そぜい》などに必要ということで、日本中の寺子屋などで、みんなが歌のように暗記するわけですよね。それがやっぱり、明治以降の躍進《やくしん》に影響《えいきょう》しましたよね。

小川　でも、日本人が本来もっている特性に、そんなに素晴らしいものがあることに、あまり皆《みな》、気づいていないような気もしますね。

藤原　そうですね、戦前は強い軍隊をもっていたため日本人は傲慢《ごうまん》になりましたけど、戦後はGHQや日教組の支配下で日本の昔のものは全部ダメだった、戦前は暗黒だった、封建《ほうけん》時代はもっと暗黒だったとか、まちがった歴史を、いまの七十歳以下の人たちは、みんな教えられていますから。現代日本人はほとんど日本に対する自信や誇《ほこ》りを失い、総崩《そうくず》れ状態なんです。しかし、世界に誇ることのできる素晴らしいものを日本人はもっていたわけです。

4　永遠の真理のもつ美しさ

小川　数学が美しいというのがなかなか言葉で説明できないんですけど、でも私は三角形の内角の和は１８０度であるということ自体がもう、素晴らしく美しいと思うんです。その、「三角形の内角の和が１８０度である」という一行が持っている永遠の真理は何物にも侵《おか》されない。永遠の真理の美しさというのは、どんな文学でもどんな詩の一行でも表現できないものをもっていますね。

藤原　そうですね。学校の先生はどういう風に説明するかわかりませんけど、三角形の内角の和の１８０度というのはね、平べったい三角形を書いても、とんがった三角形を書いても、顕微鏡《けんびきょう》で見るような小さいのを書いても、校庭に馬鹿《ばか》でかいのを書いても、どうやってもぴったり１８０度になるんですよ。１７９度にも１８１度にも絶対にならない。しかも百万年前も現在も、そして百万年後もそうだと。地球が爆発してなくなってもそうなんです。こんな真理は、ほかにこの世の中にないんですよ。どんなことだって、その場限り、せいぜい時代の産物ですよね。こういう永遠の真理っていうのは数学以外には存在しませんから、そういう美しさがあるわけですね。どうもがいても180度ということから逃れられないんですね。

小川　そうですね。

藤原　先生がそうやって教えてくれたら、子供たちは何て美しい定理なんだってわかると思うんですよ。それを受験問題を解くための暗記事項《じこう》でやられちゃうから、みんな嫌《きら》いになっちゃう。

小川　ちゃんとそこに物語があるんですよね。エベレストの頂上にあろうがマラッカ海《かい》峡《きょう》の海底にあろうが、宇宙の果てにあろうが180度であるという。

藤原　そうなんですよ。

小川　作家などが日頃使っている言葉が、いかにいいかげんなものか思い知らされます(笑)。永遠の愛を神様の前で誓《ちか》っても離婚《りこん》しちゃうわけですからね。本物の永遠は、実は数学の中にあったんですね。

藤原　ええ、他には一切、どんな分野にも存在しないと思いますよ。物理だって、化学だって学説ですからね。どんどん塗《ぬ》り替《か》えられていきますよね。ニュートン力学だってこういうところでは通用するけど、ちいさな原子核《げんしかく》とか素粒子《そりゅうし》などまでいくと通用しない。そうすると、今度は量子力学になっていくわけですよね。何もかも近似的《きんじてき》にそうだということ。だから、未来永劫《みらいえいごう》どんな局面でもといったら、数学しかないですよ。

小川　だから、数学は発展し続けるわけですね。後退がないんですね。

藤原　それから、否定されることも修正されることもないんですね。

小川　一度正しいと証明されれば。

藤原　厳密な証明がのっかっていますからね。最初に発見する人が一番偉いですよね。だって、三角形というのは世の中にごろごろ転がっているでしょう。その三つの角を全部足すなんて、なんでそんなバカなことを考えたのかね。しかも180度というのは1周360度の半分ですよね。

小川　あ、そうですよね。なんのためにそんなこと考え始めたのかしらねえ。

藤原　それがすごいわけですよね。そういうイマジネーション、想像力が必要なわけですよ。たしかフランスのヴェルレーヌが「私は数学者になるほど想像力が豊かではなかったので詩人になった」と言ってますからね。

小川　あははは、いいこと言ってますね。最初の人というのは、たぶん、その辺にある三角形を全部計ったわけじゃないと思いますよ。

藤原　ええ、なんとなくという感じだったんでしょうね。

小川　ピタゴラスだったんですか。

藤原　もっと前の人だったのではないでしょうか。世界のあっちこっちでみつけられていたかもしれません。

小川　でも、180度かと思ってノートに三角形を書いて計っても、実際には180度にはならないんですよね。一本線を引けばそこに鉛筆《えんぴつ》の芯《しん》の面積が出てくるし、点といってもそこに必ず面積が発生するので、純粋な三角形というのは頭の中にしかないということですよね。

藤原　そう。純粋な直線もね。円だってそうですよ。まったくの円なんてどこにもない。

小川　目にみえないということですね。だから想像力が必要だということですよね。実際、手に触《ふ》れたり計ったりということができないものを、頭の中にイメージしている。

藤原　そう、それがまた、三角形の内角の和は１８０度とか、美しい性質をいっぱいもっているわけですよ。そういう美しいものが山ほどあるわけですよ。なんで世の中がこんなに美しくできているのかわからないんですよね。神様を持ち出すのは逃《に》げかもしれないけれど、ほんとうにどうしてかわからないんです。

小川　つまり、数学というものは人間が考え出したものではないということなんでしょうか。

藤原　数学というものがほんとうに実在するのか、単に人間の頭が考え出したものなのか、よく議論になります。でも数学者はみな、実在すると確信しています。だから、数学者が頭でつくり上げたものではないと。

小川　つまり、隠《かく》れていたものを自分たちが発見したということなんですね。

藤原　そうなんです。だから、我々と全然違《ちが》う頭脳構造をもった高等宇宙人のところにいっても、むこうはむこうで三角形の内角の和は１８０度という事実を、発見しているはずなんですね。人間がつくりだした制作物なら、むこうではぜんぜん違うものをつくりだしているはずですよね。

5　天才数学者の生まれる条件

小川　数学者の伝記などを読むと、彼らは独特の謙虚《けんきょ》さをおもちなんですね。自分たちがゼロから作り出しているんじゃなくて、すでにそこにあるのに誰にも気づかれずにあるものを、そっと救い出してきてあげてるっていう。さっきのハミルトンもチューリングも、地べたにキスをするためにひざまずいていましたけれど、そういうひざまずく心というのを天才数学者たちはみんなもっていますね。

藤原　そうなんですね。私もヨーロッパで学会なんかあると、ついでに、そういう天才数学者の生まれたところなんかを訪れたりするんですね。そうすると、アジアでもヨーロッパでもそうなんですけど、天才が出たところというのは決まってるんです。世界中、人口に比例してどこでも生まれるわけではないんですね。どういうところに生まれるかというと、私の考えでは三つ条件があるんですね。第一の条件は、神に対してでも自然に対してでもよいから、何かにひざまずく心を持っているということ。天才をよく生むイギリス人なんていうのは、あまり神様を信じていませんが、伝統にひざまずいているんですね。

小川　ああ、なるほどね。

藤原　日本人は神仏にひざまずいたり、自然にひざまずいたりしています。やはり天才を輩出《はいしゅつ》する南インドの人びとは、ヒンズーの神々にひざまずく心があるということですね。それから第二の条件は美の存在ですね。美しいものが存在しないと絶対に数学の天才は出ないんです。子供のころから美しいものを見ていないと不可能です。知能指数が何百あったってそんなの関係ないですからね。それから第三の条件は、精神性を尊ぶということです。要するにお金を尊ぶといった物欲ではなくて、もっと役に立たないもの、精神性の高いものを尊ぶ。例えば文学を尊ぶ、芸術を尊ぶ、宗教心をもつ、とかいうことです。そういう三つの条件を満たしたところ以外からは天才は出ないんです。インドでは、一番南のタミルナドゥ州から多くの天才が出ているんですね。

小川　あ、ラマヌジャンという天才が生まれているんですね。彼は、ヒンズー教の位でいくと高いんだけど、生活は非常に貧しい。路地で石板を抱《かか》えて数学をやっているような人です。で、そこにもいらっしゃったんですよね。

藤原　ええ、ラマヌジャンという天才がいたインドに行ったわけです。マドラス（現チェンナイ）とかカルカッタ（現コルカタ）とかボンベイ（現ムンバイ）とかあっちこっち行ったけど、どこも美しくない。飛行場からタミルナドゥ州の州都マドラスの町まで、ずっと極貧の世界ですからね。まあ、日本の応仁の乱のころといった感じですね。ラマヌジャンという人は世にも稀《まれ》な大天才で、高校出ただけなのに数学上のものすごい発見をしているわけです。あんな美しい定理をたくさん生み出した人が生まれ育ったところとは、どうしても信じられなかった。建物も風景も寺院も全然美しくない。これでは、帰ってきてラマヌジャンのことを書けない。二十年前から数学には美意識が必要と言ってきたのに反例が出てしまうわけですよ。そこで、もう一回行ったんです。今度は、不潔なのを我慢《がまん》して、彼の育ったタミルナドゥ州の最南部までレンタカーで行ったんです。

そうしたら、南の果てに、ものすごく美しい寺院がいっぱいあるんですね。十一世紀、十二世紀、十三世紀の頃くらいにチョーラ王朝は絶頂だったんですけど、そこの王様がすごい金持ちで、格別に美しい寺院をいっぱい作った。それが残ってて、ラマヌジャンはそういうところで生まれ育ち、勉強していたんですね。やっと腑《ふ》に落ちました。

小川　先生の説はやはりまちがっていなかった、ということが証明されたわけですね。

藤原　そうですね。いつもながら正しいということですね（笑）。その土地からは、数学の天才ラマヌジャンだけでなく、二十世紀を代表する天体物理学者のチャンドラセカールとか、ノーベル物理学賞のラマンという人もみんな、そこから半径何十キロの円の中から出ているんですよ。それで、タミルナドゥ州というのは、もっともヒンズーの教えの深いところなんですね。

小川　ですから、ひざまずく心もやはりあったと。

藤原　そして、カーストの一番上の位で精神性を尊ぶバラモンの人口密度が、インドで一番高いんですね。ラマヌジャンの家はバラモンで、位は一番上だけど貧富とは関係ないから、お母さんが隣近所《となりきんじょ》にお米を恵《めぐ》んでもらうほどの貧しい生活をしていた。さっきいった石板というのは、紙が買えないからなんですね。

小川　石板の汚《よご》れを自分の肘《ひじ》で消しながら勉強してたっていうんですね。

藤原　十八歳から二十二歳という、いい若者であるラマヌジャンが、働かないで数学ばっかりしているのを、貧乏《びんぼう》で食うや食わずの両親が許したっていうんですよ。普通《ふつう》なら家族中で「ごくつぶし」とかなじって大変なんでしょうけども。なにか精神性の高いことをしているに違いないと思って見守るんですね。

小川　そのラマヌジャンがどれだけすごいかというと、いろんな定理を夢の中で発見しちゃうんですよね。それを証明しなければいけないという必然さえ感じずに、自然に真理を見つけてしまうという人だった。

藤原　そうなんです。高校出ただけなのに、あんまりどんどん発見しちゃうんで、インドでは大天才となったんです。でも、植民地インドの片田舎《かたいなか》では天才でも世界に出たらどうか、ということで宗主国《そうしゅこく》イギリスの大学教授の何人かに発見した公式を送るんですが、みんな突っ返されたり捨てられるんですよ。二十世紀の初め頃で、イギリスの植民地はどこも愚民化《ぐみんか》政策をとっていますから、ろくな教育もないインドあたりから手紙がきたって誰も読まないんですね。ところが、ケンブリッジ大学のG・H・ハーディという教授が読んだら、「すごい!」ということで。彼はたまたまその分野の専門家だった。で、彼は苦労してラマヌジャンを呼び寄せるわけです。そしたら、毎朝、六個ずつ新しい定理をハーディ先生のところに持って行ったというんです。私なんか一年かかってやっと一個か二個ですからね。しかもくだらない定理でね。ラマヌジャンは毎朝六個ずつ、しかも素晴らしいのを持って行ってるんですね。

小川 それがナーマギリ女神のお告げだっていうんですね。自分が見つけたって威張《いば》らないんです。

藤原 そう。友達にね、「君、こんなこと言っても信用してもらえないだろうけどナーマギリ女神が夢の中で僕に教えてくれるんだよ。僕は朝起きると言われた通りに書いているだけだよ」って、あっちこっちで言っているわけね。イギリスの数学者はもちろん誰もそんなこと信じていませんけど。でも、本人はそう言っているんですね。

小川　それで、そのハーディという教授といいコンビになって、ラマヌジャンの発見した公式を証明していくんですよね。

藤原　そうなんです。ラマヌジャンは証明できないから。

小川　証明できないというのが、また不思議なんですよ。じゃあ、どうしてわかるんだろう。

藤原　証明が必要だということすらよくわかっていません。とにかく新しい定理がどんどん頭にわいてきちゃって。ほんとうに不愉快《ふゆかい》な人ですよね（笑）。ハーディというのは天才じゃないけど大秀才ですよ。ラマヌジャンの発見に厳密な証明を後づけしていくんですね。

小川　先生がご本の中でうまい表現をなさっていますけれど、どこそこの家のこの木の根元に金塊《きんかい》が埋《う》まっているとラマヌジャンが言って、掘《ほ》ってみたら本当に埋まっているんだけど、どうしてわかったんだ、と言われるとわからない。そういう腑に落ちない状

天才・ラマヌジャンは
女神に定理を教わってた
Srinivasa
Ramanujan
(1887-1920)

態なんですね。

藤原　世界中の数学者の中にはそれは頭のよい奴《やつ》がいっぱいいますよ。たとえば、たいていの数学の問題なら見た瞬間《しゅんかん》ぱっと解いちゃうような。問題を読み終わったときにはもう解けてる。そんなのはよくいますから、見ても驚《おどろ》かないですよ。頭の回転がものすごいスピードだというだけのことで。でもね、いきなりここ掘ったら金塊がいっぱい出てくるって言われたら、ちょっとこれはかなわない。ほんとうに嫌《いや》な人です（笑）。

小川　ラマヌジャンも、イギリスに渡《わた》って自分の業績が認められたにもかかわらず、悲しい人生なんですよね。幼な妻をめとってからイギリスに行くんですけれど、一人で行くんですよね。奥さんを連れて行かないで。

藤原　そうですね。ラマヌジャンの気持ちというのも、よくわかりますよ。やっぱり、若い時、海外に行くというのは勝負に行くことです。全インドの期待を担《にな》って。自分ではすごい自信を持っているんですよ。でも心の中じゃイギリスへ行ったらもっともっとすごい人々がいて、自分なんて完全に負けちゃうんじゃないかなって。全身全霊《ぜんしんぜんれい》をかけて戦わなくちゃと思ってね。嫁《よめ》さんなんかといちゃいちゃしていたら勝負にならないと。でもそれが敗因となるんですね。長期戦になると孤独《こどく》に陥《おちい》ってしまう。また宗教の関係で野菜しか食べられないとか。しかも、イギリス料理の典型といってよいフィッシュ・アンド・チップスがあるでしょ、ジャガイモとタラのフライ。街では新聞紙にくるんで売っているあの脂《あぶら》っこいやつ。あれ、少なくとも当時はラードでやっていた。植物油ではないんですよね。ラマヌジャンは厳格な菜食主義者ですから無論食べられません。それに原則としてはバラモン以外の者が料理したものは不浄《ふじょう》として口にしませんから、外食すら自由にできないんですよね。

小川　それをかたくなに守って、ほんとうに貧しい食事しかしなかったんですね。で、結局結核で亡くなっちゃうんですか。

藤原　原因はよくわかっていないらしい。ビタミン欠乏症《けつぼうしょう》とか肝炎《かんえん》という人もいます。

小川　先生のお書きになったラマヌジャンのところを読むと、私もケンブリッジまで行って、野菜のカレーでも作ってあげようかしら、という気持ちになるんです。お母さんみたいな気持ちになっちゃって。あっ、でも私はバラモンじゃないのでやっぱり駄目《だめ》ですね。いろいろお話をうかがっただけでもわかるように、どの数学者もすごく魅力的ですよ。無責任に魅力的といってしまえば失礼ですけれども。小説家の本能をかきたてる人々です。

6　『博士の愛した数式』と「友愛数」

藤原　小川さんの『博士の愛した数式』を読むと、数学者が気づかないような感じのことがいっぱい出てて、びっくりするようなことがあるんです。たとえば $\sqrt{-1}$ とかね、2乗して -1 になる数なんて普通ありえない。でも数学者の心の中には石ころと同じようにあるわけなんですよ。そして、それを「とても遠慮深《えんりょぶか》い数字だからね、目につく所には姿を現さないけれど、ちゃんと我々の心の中にあって、その小さな両手で世界を支えているのだ」と、そういうふうに表現してるでしょう。なるほどと思って。

小川　ちょっと自信がなかったんですけど、どうして「小さな両手」と書いたかというと、$\sqrt{-1}$ だから、大きな数字ではないだろうということで、「小さな両手」にしただけなんです。

藤原　それから、「友愛数」について、二つの数と数が抱擁《ほうよう》し合っているとかね。ああいうふうに、僕は考えたこともないし。ああいう言葉って、すごくロマンティックですよね。最初に見たときにはそう思ったのかもしれないけど、いつも使っていると全然そういう感じがなくなってくるんですね。やはり、文学者の感覚というのはすごいなと思ってね。

小川　あの「友愛数」というのはほんとうに素晴らしい数字ですね。で、それをまた「友愛数」と名づけるセンスが、数学者が詩人であることの証《あか》しです。

藤原　そうかも知れないですね。

小川　『博士の愛した数式』を書くときに一番最初に頭に浮《う》かんだのが「友愛数」の場面でした。「友愛数」は私に大きなインスピレーションを与えてくれました。２２０と２８４という二つの数字がある特別な関係にあって「友愛数」と数学者たちは表現しているのですが、その友愛という言葉を見たときに、博士と家政婦さんと少年の関係はこれなんだなと思ったんですね。それで、２２０は2月20日という誕生日にしようと思って、２８４はちょっと迷ったんですけれど、博士が大学で優秀な論文を書いてもらった学長賞の時計の裏《うら》に刻まれている数字にしようと思って。その二人が夕暮れの台所で雑談をしているときに、ふと家政婦さんの誕生日が2月20日だと博士が知るんです。それで洗い物をしている家政婦さんをこっちまで呼んで、新聞の広告の裏かなんかに、鉛筆で君の誕生日と僕の腕時計《うでどけい》に刻まれている数字はこういうふうに繋《つな》がっていて「友愛数」なんだよっていう場面がありありと目に浮かんできたんです。西日のあたっている光線の様子とか、流し台で垂れている水滴《すいてき》の音とか、台所の食卓についている傷の模様だとか、鉛筆を持つ博士の手の表情だとか、あらゆるものが、パーッと浮かんできました。

藤原　いやあ、作家のイマジネーションって、数学者より凄《すご》いんじゃないですか（笑）。

小川　先生、その220と284が「友愛数」というのを説明して下さいませんか。

藤原　要するに、220の自分自身を除いた約数は1、2、4、5、10、11、20、22、44、55、110で、全部足すと284になる。一方、284の自分自身を除いた約数は1、2、4、71、142で、全部足すと220になる。

220 : 1 + 2 + 4 + 5 + 10 + 11 + 20 + 22 + 44 + 55 + 110 = 284
284 : 1 + 2 + 4 + 71 + 142 = 220

そういうことですよね。あんまりないんでしょう。

小川 フェルマーが一つとデカルトが一つとパガニーニが一つ、そしてオイラーは一人で六十二組も発見したらしいです。220と284は、「友愛数」の中で一番小さな組み合わせですか。

藤原 そうです、たぶんね。ああいうのってどれくらいあるのか、とんとわかっていません。

小川 あ、つまり、終わりがあるかどうか証明されていないということですか。

藤原 そうですね、「友愛数」とか「完全数」とかは、無限にあるかどうかを実際どうやったら証明できるかという糸口さえわからないんですね。

小川 ああ、そうですか。とにかく「友愛数」がものすごく特別な関係であることはよく分かりました。「社交数」というのもあるんですね。三つがそうなるんですね。

藤原　ああ、そうなんですか。

小川　先生、そんないじわる言わないで下さいよ（笑）。

藤原　それ、ほんとうに知らなかったです。

小川　えっ、そうですか。

藤原　三つの場合、Aの約数の和がBに、Bの約数の和がCに、Cの約数の和がAになるという、あっそうですか、へぇー。四つになるとどうなるんですかね。

小川　四つになっても社交数です。三つ以上の数で構成されるっていうことなんで。

藤原　そうなんですか、むずかしそうですね（笑）。

小川　でも、数学者のかたが発見してくれた「友愛数」という言葉が小説の場面と融合《ゆうごう》するというのが、大変に面白い経験でした。

7　ゼロはインド人による大発見

藤原　『博士の愛した数式』のゼロの描写《びょうしゃ》も印象的でしたね。

小川　ゼロには三つくらい役割がありましたよね。位を表わす、ものさしで計るときの出発点である、そして、なにもないということである。あらためてゼロの役割を知ったときに博士が家政婦さんに、そこの木の枝に鳥が止まっていると思ってみなさい。で、その鳥が飛び立っていったと。そうすると、1－1＝0（ゼロ）だというふうに説明する場面があるのですが、私のゼロはそういうイメージですね。

藤原　ゼロを発見したのはインド人なんですが、これはヨーロッパでは無理なんですね。なんにもない、無、エンプティーということを表わすわけですから。それはやっぱり東洋なんですよね。歴史的に言えば、プラスの数、1、2、3、4……が最初にありますよね。それから、マイナスが発見される。借金がマイナスですから。ゼロの方があとなんです。ギリシア時代には、ピタゴラスなんかが出て、すごく数学が発展しましたが、ゼロなんてつくらないんですよね。これはほんとうに東洋の哲学的な深さですね。インド人は相当自慢していますけれども、それはしょうがないですね。

小川　ゼロを持ってきても、それまでのすべての計算に一切矛盾《むじゅん》が起きないというのは素晴らしいですね。ですから、やっぱり発見されるのを待っていたんですね、ゼロは。

藤原　それまでの計算に矛盾が起きない、ということに注目する小川さんはすごい感覚です。ところでゼロって、何もないことを表しているんだけど実感できますよね。心の中にはっきりあります。だから、ほんとにすごい発見で、何世紀に一回の大発見でしたね。アジア人の勝利ということでした（笑）。

小川　そうやって人間は、いろんなことを地道に発見しつづけているんですね。

藤原　そうですね。それぞれの文化とか伝統を背負って発見しています。そこが面白い。ヨーロッパにはヨーロッパの発見がある。例えば微分《びぶん》積分学はヨーロッパです。そして、物理学と数学を結びつけたのもニュートンです。日本は、微分積分に近いことをほとんど和算の時代に発見していましたけれど、あのまま鎖国《さこく》を続けていたら、力学なんかとは現在に至るまで絶対に繋がらなかったんではないでしょうか。というのは、ヨーロッパには、この宇宙は神様がつくったものだ、したがって美しい調和に満ちているにちがいないという先入観があった。さらにニュートンは、この美しい調和は数学の言葉で書かれているに違いないという、ものすごい偏見《へんけん》があった。このキリスト教的な世界観の勝利なんですね。日本人は、神様が宇宙をつくったなんて考えませんからね。もう、そこにあるものだと、自分もまた自然の一部であると思っているでしょう。だからひざまずいていたんでしょう。したがって日本人は、どうもがいてもあそこまではいかなかった。だけど、ゼロはヨーロッパでは無理でインドですね。で、日本は日本でいろいろ発見していますね。たとえば理系の人なら世界中の誰もが大学一年のときに行列式を習うんですが、あれは日本の関孝和っていう人が世界ではじめて発見したんですね。ヨーロッパでライプニッツという人が発見したよりも十年早いんですね。

小川　数学がそんなに、民族性とか地域性と結びついているとは思わなかったです。

ニュートンには
ものすごい偏見があった……
Isaac
Newton
(1642~1727)

藤原　やはり土壌《どじょう》から生まれてくるもんですね。文化っていうものは全部そうです。数学も文化ですから。

8 「完全数」と江夏《えなつ》の背番号

藤原　ところで、小川さんの『博士の愛した数式』の中で、江夏の背番号が28で「完全数」だというのが出てくるでしょう。完全数というのは、自分自身を除く約数を全部足すと自分自身になるというものなんですね。一番小さいのは6です。6の約数で自分以外のものは、1と2と3だから。その次が28です。28の場合は、1と2と4と7と14ですから。28が完全数ということは僕知ってたんですが、江夏の背番号と結びつけたのはすごい発見だなあって。世界中、誰も発見していなかったと思いますよ(笑)。

小川　そうですか。で、この「完全数」というのもまた美しい概念《がいねん》ですよねえ。

藤原　これも無限にあるかどうかはわからないんですね。

小川　とにかく、6ならば約数が1、2、3で、1＋2＋3が6となる。28だと1＋2＋4＋7＋14で28となる。それぞれまた自分に戻ってくるんですよ。「友愛数」に使った2

20だと284になるので、自分よりも大きな数字になるんですよね。284だと自分より小さな数字になっている。ぴったり一致《いっち》するという数字が「完全数」。
藤原　一桁《ひとけた》だと6だけで、二桁だと28だけ、三桁では496が、四桁では8128が、と一つずつあるんですね。この四個はギリシア時代に知られていましたが、その次の「完全数」というと八桁くらいになっちゃうんですよ。どんどん間隔《かんかく》があいてきちゃうんです。
小川　そして、もうひとつ美しいと思ったのは「完全数」が連続した自然数の和で表わされるということです。これも不思議なんですよね。
藤原　証明はそんなに難しくないんですけどね。
小川　あ、そうなんですか。
藤原　発見した人が偉いですね。よくそんなバカなこと考えたなって（笑）。
小川　つまり、6だと1＋2＋3ですよね。で、28だと1＋2＋3＋4＋5＋6＋7となります。そういうふうに「完全数」は連続した自然数の和に全部なっちゃう。

藤原　よく発見しましたね。美しいですよね。

小川　それが例外無く全部に当てはまってるんですよね。

藤原　こういうものは、証明した人よりも発見した人のほうがはるかに偉いんです。

小川　なるほどね、こうじゃないかって気がついた瞬間のほうが、証明が完結した瞬間よりも意義が深いということですか。

藤原　はるかに深い。私、いま証明しろっていわれたら十分もあればできちゃうけど、一生かかっても、それ発見できなかったと思います。だからね、江夏の背番号が完全数だと発見した人は偉いです。

小川　それはたいした発見じゃありませんけれど。でも、これが江夏豊だったということが、阪神《はんしん》にたくさん選手がいるなかで、それが他でもない江夏豊だったということが……。

藤原　もう、目がうるんできている（笑）。

小川　もしかして、この作品を完成させる最後の鍵《かぎ》をにぎっていたのが、この発見だったような気がします。

藤原　私、読みながらそう思いましたよ。これで、小説ばっちりだと思ってね。巨人ファンとしても脱帽《だつぼう》しました。昔の野球のことがずいぶん出ていたんで、懐《なつ》かしかったですよ。

小川　で、江夏は阪神時代にしか28を使ってなかったんですね。トレードされてからはみんな違う番号なんですよ。

藤原　それほど、大事にしていたんですね。

小川　ええ。そこで、江夏が南海にトレードされた一九七六年で博士の記憶《きおく》が途切《とぎ》れていることにしようと思ったんです。

藤原　あ、そこからね。あまりにもうまくできすぎている（笑）。そこで江夏を中心にね。なるほどね。読みながらあれを発見したとき、小川さんうれしかっただろうなと思った。小躍《こおど》りしませんでした。

小川　いや、これで書けるなという確信をもった瞬間ですね。

藤原　江夏ですからね（笑）。

小川　村山か江夏しかいませんからね。阪神で物語になる選手といえばね。

藤原　やはり、江夏が才能的には圧倒的です。天才中の天才ですからね。

小川　三振《さんしん》をとるのはすごく簡単で、それよりもゴロを打たせてアウトにするほうが難しいと言っていましたから。

藤原　普通に投げたら三振ですものね。なんか、数学より、野球の話になっちゃいましたね。

小川　また、野球っていうスポーツが数学と縁《えん》の深いスポーツだったんですよね。数字で表現できるスポーツだったということも、私にとってラッキーなことでした。

藤原　ほんとうに、見事に野球の話と組み合わさっていますよね。すばらしい構成だと思いました。

小川　いえいえ、恐縮《きようしゆく》してしまいますが。

藤原　世界中でこんなことした人は誰もいないでしょう。数学と野球を組み合わせることなんて。ああいう家政婦のおばさんと十歳の男の子と数学者の老博士……。こんなこと誰も考えつかない。

小川　28が江夏の背番号だからなんなんだって。なんの利益ももたらさないっていうところが……。

藤原　そこが素晴らしいですよね。利益をもたらしちゃダメなんです（笑）。

9 「美しい定理」と「醜《みにく》い定理」

小川　先日、先生と打ち合わせをしたときに、さっきの三角形の内角の和が１８０度というのが美しいという話のあとに、「醜い定理」というのもあるとおっしゃっていましたよね。その例をちょっと出してくださったんですけれど、私にはどうしてこれが醜いのかわからないんですが。

藤原　醜い定理っていうのは、たとえば１以外の数で、各桁《かくけた》の数字の３乗を足すと元に戻《もど》るような数は、１５３、３７０、３７１、４０７の四つに限る、というようなものです。実際 $153=1^3+5^3+3^3$, $370=3^3+7^3+0^3$, $371=3^3+7^3+1^3$, $407=4^3+0^3+7^3$ となります。こういう数は何桁であろうと他にない、という定理です（図１〈1〉参照）。どうしてこれが醜いかというのは、言いようがないんですけど。

たとえば美しい定理の典型は、「三角形の内角の和が１８０度」というもの、ほんとうに美しい定理でしょう。他にもいくらでもありますよ。例えば1＋3＋5＋7＋…と奇数《きすう》だけを足していくとね、どこでちょん切ってもある数の2乗になっている。1は1の2乗でしょう。1＋3＝4は2の2乗でしょう。1＋3＋5＝9は3の2乗でしょう。7まで足すと4の2乗というふうに、どこでちょん切ってもある数の2乗です。この証明がまた美しい証明なんですね（図2参照）。たとえば、1個、ここへ石を置きますよね。で、次は3だから、1個、2個、3個とこう置くと正方形ですね、さらに、1、2、3、4、5とこう置くとこれも正方形ですよね。同じように1から7までを置いても相変わらず、正方形になっている。これを「四角数」といいます。いつまでやっても正方形だから、1から奇数だけを足していくといつでも2乗になっているわけです。美しい証明ですよね。

醜い定理として私の見つけたものを一つ披露《ひろう》すると、たとえば1729という数がありますよね、ここに出てくる数字を全部足します。1＋7＋2＋9＝19ですよね。で、これを逆転させると91ですよね。これにさっきの19をかけると元の1729へ戻るんで

図１　醜い定理の例

〈1〉

$153 = 1^3 + 5^3 + 3^3$　　$370 = 3^3 + 7^3 + 0^3$

$371 = 3^3 + 7^3 + 1^3$　　$407 = 4^3 + 0^3 + 7^3$

各桁の３乗を足すと元に戻るような１より大きな数は、何桁であろうと他にない。

〈2〉

1729　　1458

↓　各桁を全部足す　↓

$1 + 7 + 2 + 9 = 19$　　$1 + 4 + 5 + 8 = 18$

↓　逆転されたものをかける　↓

$19 \times 91 = 1729$　　$18 \times 81 = 1458$

それぞれ元の数字に戻るような、このような性質を持つ１より大きな数は、何桁であろうと他にない。

すよね。１４５８も同じ性質をもちます。１４５８に出てくるすべての数字を足すと、１＋４＋５＋８＝18です。これを逆転させると81で、かけ合わせると元の１４５８に戻る。81も同じ性質を持ちます。あらゆる数の中で、この性質をみたす数は、１を除いてこの三個しかないというのが私の見つけた定理です（図１〈2〉参照）。これを数学者の前に出したら、瞬間的に、「おお、なんという……」と言ってさげすまれる定理なんですね（笑）。美しい定理だけでは不公平だから醜いやつもあげました。私が発見するのはたいていこういった醜い定理です。

小川　その、さかさまにするとか入れ替えるというところが、醜いんですか。

藤原　なんでさかさまにしなければならないのかということですね。必然性がないしね（笑）。さかさまにした上になんで掛《か》けるのかってね。でも無限に数字がある中で三個だけっていうのはね……。

小川　証明することもできるんですか。

藤原　できますよ。僕、発見してすぐに証明しましたから。それもネチネチくだらない

図２　美しい定理——四角数（奇数の和）

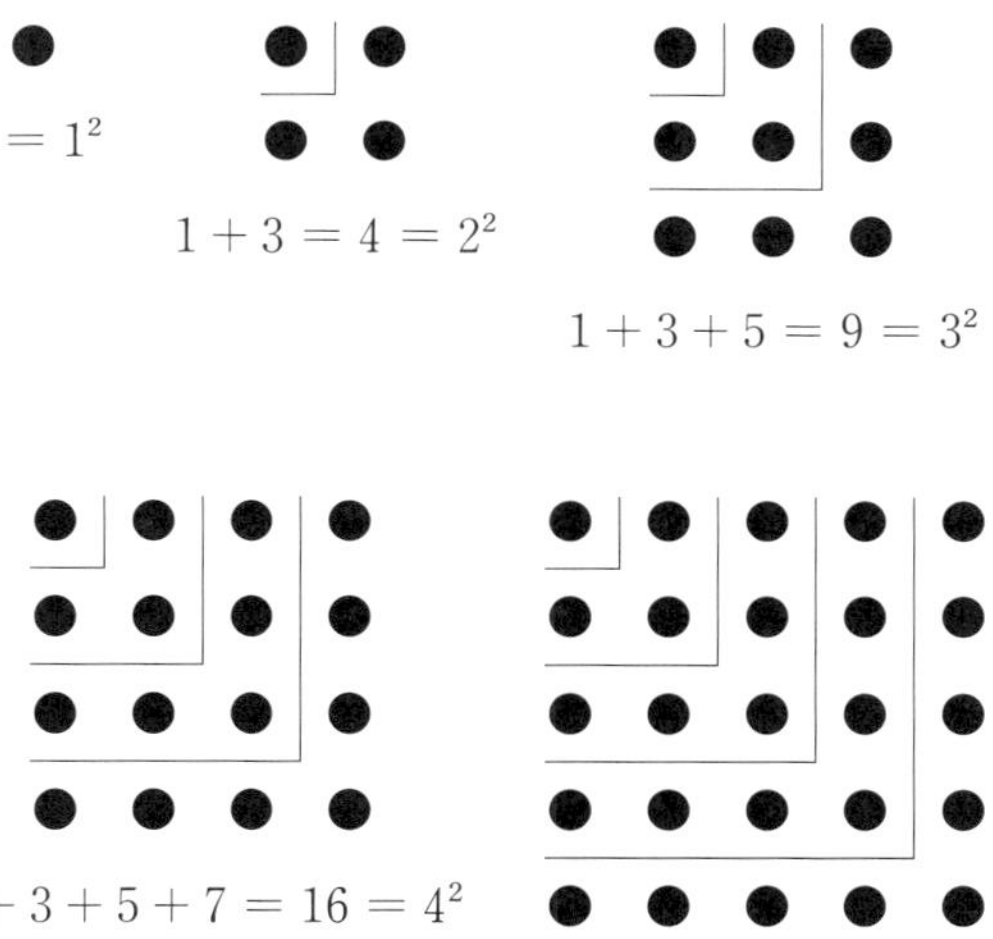

$1 = 1^2$

$1 + 3 = 4 = 2^2$

$1 + 3 + 5 = 9 = 3^2$

$1 + 3 + 5 + 7 = 16 = 4^2$

$1 + 3 + 5 + 7 + 9 = 25 = 5^2$

したがって、１から $2n-1$ までの奇数の和を求める公式は

$$1 + 3 + 5 + \cdots + (2n - 1) = n^2$$

計算を続けると出てくるんですね。さっきの例のように、石を1、3、5、7と置いて行くような、美しい証明じゃないんですよ。美しくないからすでに価値はない。

小川　でも、これを見つけたときにはうれしい気持ちにはなりませんでしたか。

藤原　そうですね。証明ができたときにはちょっとうれしかったですね。でも見るにしたがって、自分の排泄物《はいせつぶつ》をみるような、いやーな気分になってきましたね（笑）。こういうのあまり人に話したことはないですね。

小川　じゃあ、貴重なお話ですね。

藤原　それにしても小川さん、あれがなんとなく醜いとわかったなんて、センスがあるんですね。順序を逆転することを意味がないなんて気づくとはセンスがいいんですよ。

小川　そんな失礼なこと申しましたでしょうか。でも美しいから獲得《かくとく》したいというのが原点にないと、苦しい研究を続けていくことなどできませんよね。

藤原　そりゃあそうですよ。研究が進まない時はほんとうに苦しいですもんね。

小川　数学者の方々の研究の苦しみっていうのはつまり、ゼロか完全かどっちかですものね。

藤原　ここまでできましたっていうんじゃ価値がない。完璧《かんぺき》になぎ倒さないといけないんですから。たいていの場合なぎ倒せないわけですよね。数学者というのはどんな天才でもある意味で劣等感の虜《とりこ》と思いますよ。いつでも欲求不満。だから、僕も息子《むすこ》が三人いますが、数学者だけにはなってほしくないと内心思っています。

小川　とても優秀な息子さん方で、そしてハンサムなんですよ。ジャニーズにスカウトされそうになったお子さんもいらっしゃるとか。ところで、数学的な発見をするためには、何が大事なんですか。

藤原　数について何かを発見するためには、数を転がして、ころころと手のひらで弄《もてあそ》ぶことが一番重要なんです。足したり、引いたり、ひっくりかえしたり、想像したりね。そうすると、もしかしたらこうかなという、ちょっとしたきっかけが見つかり、そこから大胆《だいたん》にいろいろ実験してみて、本当そうだったらいよいよ証明にかかる。証明になったらたいていの場合、もう赤子の手をひねるようなものです。そこまで、いろいろ弄ぶんですね。弄ぶというのは、独創に非常に良い影響をあたえます。たとえば美しい文章を読んで理解していても、その人の宝石にならない。暗唱したり、思い出して口ずさんだり、言葉を弄ぶというのが重要だと思いますね。だから、図形で発見したければ図形を弄ぶことです。ああでもないこうでもないと、いろいろ図形を描いて考えながら遊ぶことですね。

数学の天才なんかみると、わりあい弄ぶことをやっているんですね。算数とか数学とは限りません。漢文の素読をしたりとかね、物語をお母さんに読み語りをしてもらうとか。たとえば、大正時代に世界の最先端《さいせんたん》に一気に追いついた、高木貞治という岐阜《ぎふ》県生まれの、ものすごい数学の天才がいるんです。このあいだ、ちょっと岐阜に高木貞治を調べにいったら、幼少の頃は算数なんてなんにもしていないんですね。三歳、四歳、五歳、六歳とか、漢文の素読とか物語ばかり読んでるんです。それで全部暗記しちゃったと。お母さんによくお寺に連れて行かれて、お寺の坊《ぼう》さんのとなえる親鸞上人《しんらんしょうにん》のなんとかというお経《きょう》まで暗記しちゃったり。あれが独創性に繋がったんだなって思いました。

し、
のたまわく……
まなびてときに
高木貞治は
幼少の頃は漢文の
素読とか
お経とかを
暗記してた。
(1875—1960)
Takagi Teiji

暗唱というのは非常に独創性にかかわることと思います。さっきいったラマヌジャンも似《に》ています。お母さんが何千ページにも及《およ》ぶ叙事詩《じょじし》、ラーマーヤナとかマハーバーラタの大部分を暗記していて、幼いラマヌジャンにしょっちゅう聞かせていた。インドではあれは口から口へと伝わっていったものらしい。それで彼も暗唱しちゃったわけです。母親のように、いつもそれを口ずさんでいたのではないかと思います。

小川　最近はゆとり教育などと言われて暗記することが否定的に扱《あつか》われていますけれど、違うんですね。暗記することで人は言葉や数を宝石に変えられる。それは人間にとって絶対に必要な教育です。

10 「フェルマー予想」と日本人の役割

藤原　小川さんだって、中学や高校のころ、数学の問題が解けないと不愉快でしたよね。ストレスを感じるしね。私たち数学者は、毎日いつも解けない状態ですもの。世界でまだ解けていない問題を解くことにしか価値はないわけでしょう。だから簡単には解けっこないわけですよ。僕なんか集中すると考えながら鼻毛を抜《ぬ》くくせがありますから、そのうち、鼻毛がなくなっちゃう。そして、だらしないから半年とか一年くらいで、忘れてしまう訳ではないが、とりあえず次の問題に転戦しようということになっちゃう。でも、「フェルマー予想」を解いたというアンドリュー・ワイルズというイギリス人は、この問題を昼も夜も、二十四時間、寝てる間も考えて、なんと八年です。

小川　「フェルマー予想」って、「nを2より大なる自然数とすると、不定方程式$x^n+y^n=z^n$は自然数解をもたない」というものでしたよね。ワイルズは、一度成功したと言って発表したんですが、後になって実は違っていることが判明した。どこかに傷があったんですよね。で、そこからまた盛《も》り返《かえ》して完成させたという。

藤原 イギリス人って冒険家《ぼうけんか》が多いですよね。南極探検のスコットとか、ニュージーランドやオーストラリア東岸を発見したキャプテン・クックとか、アフリカ探検のリビングストンとか、勇気があります。

小川 ほんとに、誰もやったことのない高い山を目指すということですよね。日本人でも、本気になって命かけてやったらうまくいきそうな人もいたそうですけど、やっぱりそれ、できなかったんですよね。しかもうれしいことに、「フェルマー予想」が証明されるためには、「谷山＝志村予想」でしたっけ、日本人の研究成果が非常に重要な役割を果たしたそうですね。

藤原 一九七〇年ぐらいに完成された「谷山＝志村予想」というのがあって、それが解ければ「フェルマー予想」も自動的に解けるというのが一九八六年にわかった。だから、アンドリュー・ワイルズが直接に証明したのは、「フェルマー予想」ではなくて「谷山＝志村予想」なんです。で、この「谷山＝志村予想」というのが、とてつもなく美しくて奇妙奇天烈《きみょうきてれつ》なもので、日本人の独創性、美的感受性を表わした、ほんとうに素晴らしい予想なんです。「フェルマー予想」なんて比較《ひかく》にならないほど美しい予想です。私がアメリカの大学で教えてるときはね、仲間の半分くらいは「フェルマー予想」なんて嘘《うそ》だろうっていっていました。成立する必然性もないから。だけど、「谷山＝志村予想」は絶対に正しいといっていました。こんなに美しい予想が成り立たないようなら数学やめちゃうという人までいました。

小川　究極のものを日本人が予想していたんですね。どんなものなんですか。

藤原　楕円《だえん》曲線とモジュラー形式というまったく無関係の世界が密接に結ばれているという理論。たとえて言うなら、エベレストの頂上と富士山の頂上を結ぶ虹《にじ》のかけ橋があるという感じ。谷山先生が、「虹のかけ橋があるんじゃないかなあ」と言ったのを、志村先生が、「ほら、ここに虹のかけらがあるよ、あっちにもあるよ、こんな軌跡《きせき》になっているはずだよ」と、いろんな実例を挙げて、虹のかけ橋は確かにあり、こういう形でなければならないということを具体的に示したんです。それがすでにあり、しかも余りにも美しいから、一九八六年にアメリカ人のリベットという数学者が、「谷山＝志村予想」が正しければ、「フェルマー予想」も正しいという定理を証明できた。「フェルマー予想」を星にたとえると、それは谷山＝志村の虹のかけ橋のすぐ隣にあり、そこから腕を伸《の》ばせば手に取れる位置にあるよと。でも、リベットも「谷山＝志村予想」の証明はしようとしなかった。それくらい恐《おそ》ろしいものなんです。

小川　谷山豊という数学者は、実はその予想を打ちたてたあとに自殺しているんですよね。

藤原　あまりにも奇妙奇天烈すぎて、誰も相手にしなかったんですよ。数論の分野の世界中の権威が、一九五五年に東京と日光に集まって会議をしたんです。そのときにそこで発表したんですけど、だれもそんなもの相手にしない。反論もしない。無視ですね。それで、四、五年して突然《とつぜん》自殺したんですよ。理学博士号をとり東大助教授となった年です。婚約《こんやく》して来月結婚というときに、いきなり自殺しちゃうんです。

小川　で、婚約者があとを追うんですよね。

藤原　一か月後にね。この二人はどんなことがあっても別れない、と約束したからと言って、婚約者の女性もあとを追ったんです。

小川　ですから「フェルマー予想」が解けるまでには、そういういろんな悲劇があったんですね。一方では喜劇もあったかもしれませんが。

藤原　三百五十年にわたって有名無名の人が数多く攻撃《こうげき》してすべて失敗しました。ハーバードの教授や日本でも一流大学の教授が、解けたといって、間違いだったこともありました。また天才的と言われていた人が、「フェルマー予想」に一生とりかかってしまったため、結局はほとんどなにもしないまま死んでしまったとか。世界中の天才、秀才、凡才殺《ぼんさいごろ》しでした。だから私も大学院の頃、指導教官に「フェルマーだけはやるな。数学人生おしまいだよ」って言われました。でも、ひと月くらいはそれに費しましたよ、それで、先生の言葉を思い出して、やっぱりやめようって（笑）。ああこれじゃあ、苦しみ続けてお墓に行くだけだと思ってやめたんですね。

小川　フェルマーが「余はこういう定理を発見したが、この余白はその証明を書くには狭《せま》すぎる」って書き残されたのが、「フェルマー予想」なんですよね。

藤原　はったりだったとか、勘違《かんちが》いだったろうとみんな思っています。

小川　もっと余白さえあれば、そんなに苦しむ人はいなかったかもしれない。

藤原　そりゃあそうですよ。多くの人が、天才やものすごい秀才が、それで人生を棒《ぼう》に振《ふ》ったわけですからね。

小川　で、そのアンドリュー・ワイルズが解いたっていうのが正しいということは評価されているんですね。

藤原　今はね。でもその論文全部合わせると二百ページくらいあって、全部読んだ人というのはせいぜい数名ではないでしょうか。私も読んでいません。正しいと判定した六人のレフェリーはみんな超《ちょう》一流の人ばかりです。実は、その人たちもなかなか読めなくてアンドリュー・ワイルズにEメールでね、「これ、どうしてこうなるんだ」ってずい分質問してやっとわかったって。しかも、その六人が、六章からなる論文を一章ずつ分

200ページもあるんで
なかなかみんな読んでくれないよ
Andrew
Wiles
(1953〜)
アンドリュー・
ワイルズ
論文

担してやっと読んだというものすごい証明なんですね。

小川　もう、とんでもないレベルでやっているわけですね。ごく一部の方が。

藤原　一九九三年六月二十三日ですよ。アンドリュー・ワイルズが証明したと発表したのは。Eメールがその日の内に世界中に発信されました。私のところにもきました。ところが、ワイルズは七年やって、解けたと思ったのですが、三か月ほど後にまちがいが発見されてね。そこでさらに一年くらい頑張《がんば》ったが解けない。もうあきらめようとした。彼はとても誠実なジェントルマンです。発表までしてしまった、と落《お》ち込《こ》んじゃうんですね。二百ページの論文でも、数学ではどこか一行がまちがっていたらごみ屑《くず》ですから、これは怖《こわ》いことですよ。復活しようともがいたが、どうしようもない。もう敗北宣言を出そうって言ったんですよ。すると、弟子のテイラーという人が「先生あと一か月頑張って、それでもダメなら敗北宣言しましょう」と言った。そうしたら、その直後に突然ひらめくわけですね。日本の岩澤健吉《いわさわけんきち》先生という人がつくった「岩澤理論」という、非常に美しい代数整数論の理論を用いるということがひらめいたんですよね。さっきの虹のかけ橋にたとえると、できたはずのかけ橋に一か所大きな穴ぼこがあり、渡れなかった。ところがすぐ横に、「岩澤理論」という高い峰があるのに気がついて、そこを足場に穴ぼこを埋《う》め、手でひょいと「フェルマー予想」という星をつかまえたんです。

小川 ここにも日本人がかかわっていたんですか。最後の最後に。

藤原 岩澤先生というのは、群馬県桐生《きりゅう》の生んだ天才で、私の先生の先生です。谷山先生、志村先生、そして岩澤先生と、それほど日本人というのはすごいんですよ。

小川 もっと誇りに思っていいんですね、自慢して。

藤原 そうです。ワイルズの論文は、伊原康隆《いはらやすたか》、肥田晴三《ひだせいぞう》、加藤和也《かとうかずや》氏などの仕事にものっかっています。よく、日本人に独創性がないなんて批判する変な評論家とか学者がいますけれども、まあ、そういうことをいう人の独創性がないことはわかりますけれども（笑）。日本人というのは、ほんとうにすごい独創性、美的感受性を持っているんですね。欧米《おうべい》の国々は日本が猿真似《さるまね》国家だとか言って自信を失わせようとする。ライバルに対しては、戦略上、相手の自信をなくさせるのが一番効果的ですから。それを鵜呑《うの》みにして、日本人はダメだダメだと、日本人までが言う。

小川　その「谷山＝志村予想」を考えた谷山豊のことで印象に残ってるのは、彼はとにかく特別な才能があって、正しい方向に間違うんだっていうんですよね。

藤原　それはね、志村五郎先生がおっしゃったことなんです。志村先生は、自分の親友が自殺して亡くなったときに、プリンストン大学に移っていたんですね。で、最初は谷山先生の予想は信じていなかったようなんです。でも、「谷山には不思議な能力がある。ときどき間違うけど、なぜか正しい方向に間違う」と評価していたんですね。谷山先生の亡くなった頃からその予想は正しいかも知れないと思ったんじゃないでしょうか。でも、それはあまり美しい形じゃなかった。奇妙奇天烈で豪快だけど美しくはなかった。そして、それから十年くらいかけて、それを志村先生がものすごく美しい姿に仕上げるんですよ。二人の友情ですよね。そこに日本人の美的感受性と独創力と情緒力、それが全部合わさったんですね。人によっては、「フェルマー予想」の解決よりも「谷山＝志村予想」を作ったほうが数学への貢献《こうけん》は大きいというくらいで。ほんとうに美しいものを日本人が作ったんです。

小川　私、アテネオリンピックを見ていて、日本人がたくさん金メダルを取りましたが、そこになにか、日本人が本来持っている感受性がいい方向に出たんじゃないかと思ったんですね。先生はご存知ないかもしれませんが、ハンマー投げで室伏《むろふし》選手が最終的には金メダルを取りましたよね。彼が、最後の投擲《とうてき》に入る前に、順番がくるまで、フィールドにあお向けになって精神を統一していたんです。「そのときなにを考えていたんですか」と聞かれて、室伏選手は「星を見ていました」って答えたんですね。

藤原　昼間だったんですか。

小川　夜だったんです。アテネのその会場には何万人かの人がいたと思うんですけど、そこで星を見ていた人は室伏選手たった一人だったと思うんです。で、最後の投擲に入る一番緊張《きんちょう》する苦しい時間に星を見ていたと言える人というのは凄《すご》いなと思って。やっぱり、金メダルは行くべき人のところへ行ったんだと思いますね。たぶん、そのときアヌシュ選手はトイレに行ってたと思うんですよ（笑）。それから、その室伏選手が金メダルを取った記者会見で、メダルの裏に刻まれているギリシアの古代詩人が書いた詩を日本語に訳したものを朗読したんですね。私、そういう公《おおやけ》の記者会見でスポーツ選手が詩を朗読することって、はじめてだと思うんですね。やっぱり、日本人が持っているそういう静かな心だとか、言葉に対する愛情だとかがよく表れている、いいお話だったなと思ったんです。

藤原　詩のことは他国の人もあるかもしれないけど、ここ一番のときに星を見つめていたなんていう精神はやっぱり素晴らしい精神ですね。日本人の持つ素晴らしさを世界中の人に教えていかないといけませんね。

小川　ええ。やっぱりここ一番というときには、日本人は心を静かにするっていうことで、プレッシャーを乗り越《のこ》えることのできる民族なんじゃないかなと思うんですよね。

藤原　向こうだったら、うなったりいろいろしているわけでしょう。星を見ているなんてね、いま私は武士道精神なんて言葉を思い出しましたが、大変なときにそういう平静な心で星をみていられるなんて、これはすごい話ですね。

小川　一位の選手がドーピングしていたために自分が金メダルだということで、特別はしゃぐわけでもなくちゃんと相手に対しても礼を失わない、あれが逆じゃなくてよかったなと思ったんですよね。日本人が恥をかかなくてよかったなと思って。

藤原　まだ日本人も捨てたものじゃないですね。

第二部

神様が隠《かく》している美しい秩序《ちつじょ》

1　三角数はエレガントな数字

小川　藤原先生は、どういうことがきっかけになって、数学に魅力《みりょく》を感じられたんですか。

藤原　やっぱり、解けたときの喜び、そして、解いたらほめられる喜びですね。小学校三年生のとき、父が「1から10まで足すと幾《いく》つか」って問題を出してくれたんです。順番に足して55って言っても、絶対にほめられないのはわかっている。僕《ぼく》はほめられることが何より好きな人間なので、一時間考えて、「1から9まで並べると真中に5がくるから、5×9＝45となる。それに残しておいた10を足して55だ」と答えたら、父が驚《おどろ》いて「すごい！」ってほめてくれた（図3〈1〉参照）。その後しばらくして、私は数学者になろうと思ったんです。

小川　先生の解き方というのは、ガウスが考えた三角数の考え方とは全然違《ちが》うわけですか。

藤原　違うやり方です。

図3　連続する自然数の和を求める方法

〈1〉 藤原先生の小学校三年生のときの方法

$1+2+3+4+⑤+6+7+8+9 \wr +10=$

↓ 1から9までの真中は5だから

$5\times 9=45$

↓ 先ほど10を残しておいたから

$45+10=55$

〈2〉 ガウスの方法

$$\begin{array}{r} 1+2+3+4+5\cdots+100 \\ +)\ \underline{100+99+98+97+96\cdots+\ \ 1} \\ 101+101+101+101+101\cdots+101 \\ =101\times 100 \end{array}$$

1から100までを二回ずつ足しているから、

求めるものはその半分で $\dfrac{101\times 100}{2}$

↓ したがって、1から n までの自然数の和を求める公式は……

$$1+2+3+\cdots+n=\frac{n(n+1)}{2}$$

小川　どちらも、連続する自然数の和を求める方法なんですが、三角数とは関係ないやり方なんですね。だからお父様もすごく喜ばれた。

藤原　そうなんです。ガウスと同じやり方だったら、どこかで読んだんじゃないかと思われたかもしれないけれど、全然、違うやり方ですから。ガウスは1から100まで並べて、その下に逆に100から1まで並べて、縦《たて》に足すと全部101になるから、100を100倍して2で割った（図3〈2〉参照）。

小川　1から10まで、1から50まで、1から100までという自然数を足し算する方法として、三角数を使ってやっても非常に明解に見えてきますよね（図4参照）。

藤原　『博士の愛した数式』で、見事な説明をされていましたね。博士は、この三角数を「実にエレガントな数字なんだ」と言って、「几帳面《きちょうめん》な人が薪《まき》を積み上げたような……黒豆を並べたような」黒丸を三角形に並べて書く。

各々の三角形に含まれる黒丸の数を数えてみれば、1、3、6、10、15で、これを式に表すと、

図 4　三角数を使って自然数の和を求める方法

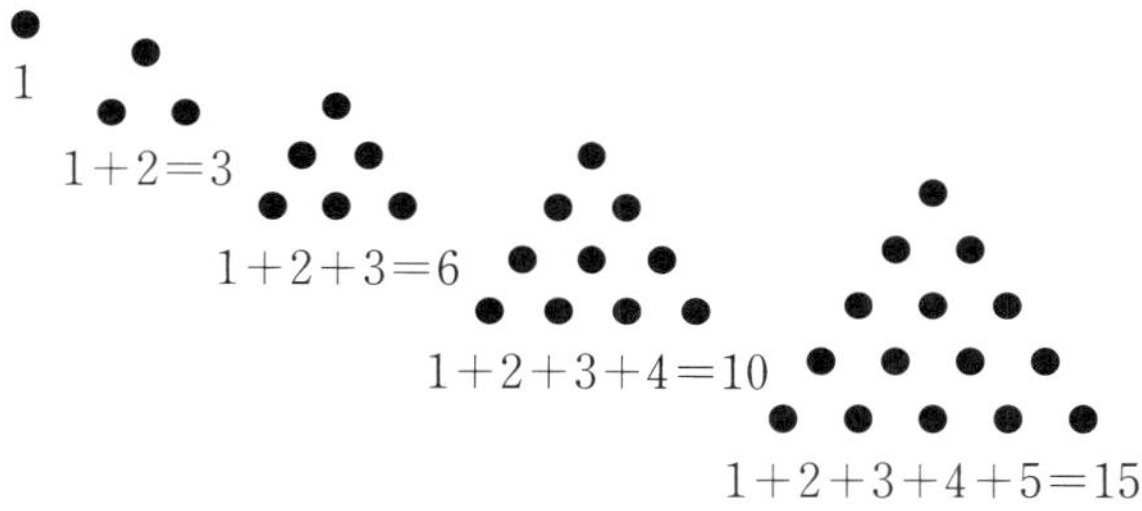

四番目の三角形を二つくっつけると

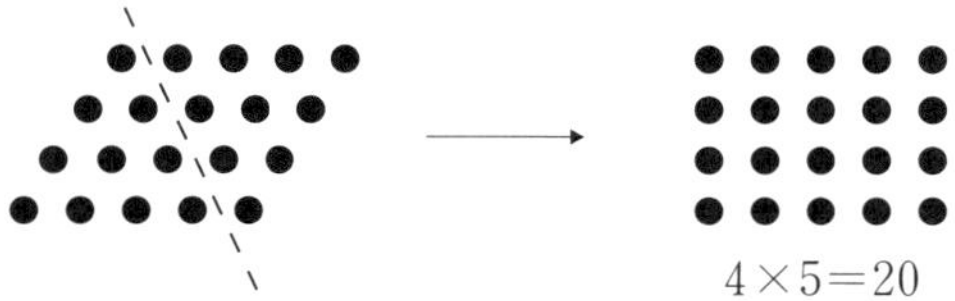

したがって、1 から 4 までの自然数の和は
この半分で、$\dfrac{4 \times 5}{2} = 10$

同じように、n までの自然数の和は……

$$1 + 2 + 3 + 4 + 5 + \cdots + n = \frac{n\,(n+1)}{2}$$

1

$1+2=3$

$1+2+3=6$

$1+2+3+4=10$

$1+2+3+4+5=15$

ここで同じ三角形を二つくっつける。四番目の三角形でやってみると、縦に四つ、横に五つの黒丸が並ぶ長方形ができる。

この長方形の中にある黒丸は全部で、$4\times5=20$個。これを半分に戻せば$20\div2=10$となり、1から4までの自然数の和が求められたことになる。

したがって、1から4までの自然数の和は、こういう式で表せます。

$$\frac{4\times5}{2}=10$$

1からnまでの和なら

$$\frac{n(n+1)}{2}$$

となります。

この方法を使えば、1からどんな大きな数までであろうと、自然数の和がすぐに求められる。感極《かんきわ》まった博士は涙《なみだ》を流し、家政婦さんは「どうぞ泣かないで下さい。三角数はこんなにも美しいのですから」と言う。感動的な場面ですね。

小川　三角形を使えばいいんだということは、誰《だれ》かが考えたことなんですか。

藤原　誰かが考えたんでしょうけれども、誰がということは残ってないと思います。

小川　ガウスはどうして1から100までを書いて、今度は逆に100から1まで書いて縦に足すと101になるということがわかったんでしょう。そこが天才なんですかね。まだ、子どもですよね。

藤原　三年生ぐらいですから。凄《すご》いですよね。

小川　ガウスの頭のなかには三角形みたいな形はあったんですか。もっと単純なことだったんでしょうか。

藤原　なかった可能性のほうが高いんじゃないでしょうか。ただ、どうやって足すのかをちょっと考えて、引《ひ》っ繰《く》り返《かえ》して足したらということが閃《ひらめ》いたんでしょうね。

小川　学校の先生が時間を稼《かせ》ぐために、「1から100までの足し算をしなさい」と子どもたちに言ったのに、ガウスはほとんど瞬間的《しゅんかんてき》にパッと答えちゃったので時間が稼げなかったという話があるんですね。

藤原　そうなんです。先生が一時間もつと思って出したのに……。ほんとにいやな生徒ですね（笑）。こんな生徒がクラスにいたら、先生はどんな気持ちなんでしょうね。普通の生徒は、1と2を足して3、3と3を足して6ってやりはじめます。でも、ああいう天才は、必ず、そこに何かが隠《かく》されていると、最初から思ってるんです。だから、絶対に1から順に足すなんてことはしない。神様が何か美を隠しているということを、本能的に知っている。何についても、必ずどこかに美が隠れていると思ってクンクン匂《にお》いを嗅《か》ぐ。そういう気持ちのある人だけが、発見できるわけです。

小学校時代の
篠原先生
Karl
Friedrich
Gauss
(1777−1855)
ガウス
1+2+3+…+n
= n(n+1)/2
5×9=45
45+10=55

2　数学は実験科学のようなもの

藤原　じゃあ、自然数の2乗の和だったらどうなると思いますか。たとえば、

$1^2+2^2+3^2+4^2+5^2$…

1の2乗から100の2乗までを足せという問題だったとしましょう。これをプロの数学者はどういうふうに考えるかというと……。

小川　素直《すなお》な子どもは、順に足しちゃうんでしょうね。

藤原　ええ。でも、数学者は素直じゃない。だから僕は「冬のソナタ」も絶対に見ません。皆《みな》が見たら、もう自分は見ない。誰も見なければ自分だけ見る（笑）。だから、絶対に素直に足していったりしない。まずどうしたらいいのだろうかと、いろいろ考えます。さっきのやりかたでいって、1^2は1、それに100^2で10000、これを足すと10001。2^2は4、99^2は9801で足すと9805。これを見ると、同じやり方ではダメだ

というのがわかりますね。そういうときは実験するんです。数学者の発見の仕方としては、たとえば、こうやるんです。

$1^2+2^2+3^2+4^2+5^2$…

これを足していきます。まず1、次が1と4で5、次は5と9だから14、次は14に16を足すから30、次は30に25を足すから55……

次に、もとの自然数も足してみます。

1＋2＋3＋4＋5…

さっきやったように、最初は1、次が3、6、10、15……でしたね。こういう計算をもうちょっとやります。

小川　それが実験ですね。

藤原　しかも天才はこういう実験を全然いやがらない。これが4とか5ならすぐできるけれども、0.58695の2乗だって平気でやる。誰だって0.58695を二回掛《か》けるなんていったら、泣《な》きたくなるでしょう。天才は計算をいやがらないんです。こういう計算をして考えるんです。何か規則性があるかと。

人間というのは、何もないところから新しいものを造ることはできないんです。砂漠《さばく》にいきなり家を建てることなんてできない。真の独創というのはあり得ないんです。必ず他のものと比べてみるということしかできない。古今東西の先人のいろんな例を比べてみるんです。

たとえば、いま比べたいのは、この二つの式です。

$1^2+2^2+3^2+4^2+5^2$

$1+2+3+4+5$

さっき計算した途中《とちゅう》までの和を書いていきます。

1　5　14　30　55…

1　3　6　10　15…

2乗の和、すなわち上段のほうが当然大きいわけです。この二つの数字の比を考えてみるんです。

図５　自然数の２乗の和を求める方法

$1^2+2^2+3^2+4^2+5^2$　　　　$1+2+3+4+5$

それぞれ足していくと

1　5　14　30　55　　　　1　3　6　10　15

左と右で対応する数字の比を考えると

$$\frac{1}{1}\quad\frac{5}{3}\quad\frac{14}{6}\quad\frac{30}{10}\quad\frac{55}{15}$$

約分して分母を３にそろえると

$$\frac{3}{3}\quad\frac{5}{3}\quad\frac{7}{3}\quad\frac{9}{3}\quad\frac{11}{3}$$

それぞれの分子をみると

$3=2\times1+1$　　$5=2\times2+1$

$7=2\times3+1$　　$9=2\times4+1$

$11=2\times5+1$　　となり

n 番目の分子は規則性により $2n+1$

↓ つまり、$1+2+3+\cdots+n$ の和を求める式 $\frac{n(n+1)}{2}$ に $\frac{2n+1}{3}$ をかければよい。

$$1^2+2^2+3^2+\cdots+n^2=\frac{n(n+1)}{2}\times\frac{2n+1}{3}$$

$$=\frac{n(n+1)(2n+1)}{6}$$

$\frac{1}{1}$　$\frac{5}{3}$　$\frac{14}{6}$　$\frac{30}{10}$　$\frac{55}{15}$…

これを約分します。たとえば、分母を3にしてみます。

$\frac{3}{3}$　$\frac{5}{3}$　$\frac{7}{3}$　$\frac{9}{3}$　$\frac{11}{3}$…

こうすれば、もう明らかな性質がある。分子だけを並べると、2個ずつ増えている。n番目の数はnの2倍に1個足したもの、すなわち$2n+1$となっています。つまり、さっきの$1+2+3\cdots+n$の和を求める式

$$\frac{n\ (n+1)}{2}$$

に

$$\frac{2n+1}{3}$$

を掛ければいい。したがって、1からn^2の和を求める式はこうなります。

$$\frac{n(n+1)}{2} \times \frac{2n+1}{3} = \frac{n(n+1)(2n+1)}{6}$$

このように比較《ひかく》することによって実験するわけです（図5参照）。書いてみて、引いたり足したりもてあそんでみる。それでは、3乗だったらどうか。

$1^3+2^3+3^3+4^3+5^3\cdots$の和です。

それぞれの3乗の数字を書いていきます。

1　8　27　64　125…

次に、それを順に足して途中までの和を書きます。その下段には1＋2＋3＋…の途中までの和を並べます。

1　9　36　100　225…

1　3　6　10　15…

この上下段の数字を比べると、一目で性質が明らかですね。1に対して1、3に対して9、6に対して36でしょう、10に対して100。ちょうど上段は下段の2乗になってるでしょう。したがって3乗の和をnまで足したものは、

$$\frac{n(n+1)}{2}$$

の2乗になっている。

$$1^3+2^3+3^3+4^3+5^3\cdots+n^3=\left(\frac{n(n+1)}{2}\right)^2$$

腕組《うでぐ》みしていても何もわからない。まず実験してみる、そして観察するわけです（図6〈1〉参照）。

3乗の場合、人によっては別の観察も可能なんです。2^3は4の2倍ですが、3＋5とあらわすことができます。3^3は9の3倍ですが、9を中心にして7＋9＋11とすることもできます。4^3は16の4倍だから、16を真ん中にして13＋15＋17＋19となる。前後の奇数《きすう》を足していくんですね。5^3も同じことです。25の5倍ですから、21＋23＋25＋

図6　自然数の3乗の和を求める方法

〈1〉

$1^3+2^3+3^3+4^3+5^3$　　　$1+2+3+4+5$

足していくと

1　9　36　100　225　　　1　3　6　10　15

左右で対応する数字を比べると

↘　↙

左は右のそれぞれ2乗になっている。

↓　したがって

$$1^3+2^3+3^3+\cdots+n^3=\left(\frac{n\,(n+1)}{2}\right)^2$$

〈2〉

1^3	2^3	3^3	4^3	5^3
‖	‖	‖	‖	‖
1	4×2	9×3	16×4	25×5
	‖	‖	‖	‖
	$3+5$	$7+9+11$	$13+15+17+19$	$21+23+25+27+29$

↓　したがって

$$1^3+2^3+3^3+4^3+\cdots=1+(3+5)+(7+9+11)$$
$$+(13+15+17+19)+\cdots$$

となり、これは四角数だから求められる。

$27+29$となる。

1^3は1、2^3は$3+5$、3^3は$7+9+11$、4^3は$13+15+17+19$となる。ここまでくるとだいたいわかってきますね。奇数ばかり足していけばいいんです（図6〈2〉参照）。

$$1^3+2^3+3^3+4^3+\cdots=1+(3+5)+(7+9+11)+(13+15+17+19)+\cdots$$

小川　奇数だけ足す式ってありませんでしたっけ。

藤原　さっき美しいやつがあったでしょう（69ページの図2参照）。したがって、自然数の3乗の和もすぐ出る。でも、こういう発見の仕方も、奇数だけならすぐに足せる、という知識がないとわからない。

小川　2乗より3乗のほうがおもしろ味がありますね。奇数を足していくのはわかりましたが、偶数《ぐうすう》を足していくのはできるんですか。

藤原　それはできます。$2+4+6+8+10+\cdots+2n$のことですね。これは$=2(1+2+3+4+5+\cdots+n)$となる。自然数の和の計算はわかっているから、したがってこれを2倍すればいい。

小川　そうか。最初にガウスが考えた$n(n+1)$の2分がないわけですね。

藤原　そうですね。でもこれも、自然数の足し算を知らないとできないから、やっぱり数学には知識が必要です。その上で、数学者はとにかく実験です。数学は実験科学みたいなものです。

小川　実際にビーカーは振《ふ》らないけれども、実験をしているわけですね。

藤原　そうです。数を弄《もてあそ》ぶわけです。こうやって足したり引いたり掛けたり割ったり、既《すで》に知られているものと比べたりする。それによって発見できるわけです。たとえば、これが4乗になったって5乗になったって、神様がそこに何かを隠しているに違いないわけです。複雑なものでしか表せないとしたら、地球や宇宙は醜《みにく》いことになってしまう。そこには、何かしら美しいものがあるに違いない。一所懸命考えたら、いつかは必ず到《とう》達《たつ》できるという確信がないとダメです。

3 幾何《きか》と代数の奇妙《きみよう》な関係について

小川　三角数とか四角数は図形の問題ですけれども、四角数も、L字型の線で区切っていくと、奇数や自然数を足すことと同じになる。私から見れば、奇数を足すとすると1＋3＋5＋7＋9…、自然数を足すなら1＋2＋3＋4…と式の問題です。テストのプリントでは、式の問題と図形の問題は分かれているけれども、それがこういうふうに合体している。実は図形と式とは、別々なものではないということですね。

藤原　そうなんですね。同じ神様が造ったものですから、人間が勝手に分けるのがおかしい。昔、ギリシアの時代に、なんとなく二つに分かれちゃったんです。というのはピタゴラスたちは分数ですべての数が表せると思っていたわけです。$\frac{3}{5}$とか$\frac{8}{9}$とか、すべての数は比で表せると思っていた。ところが、正方形の一辺が1だとすると、斜辺《しゃへん》の長さが$\sqrt{2}$になっちゃうのですごく困った。彼らは、$\sqrt{2}$が分数で表せないことの証明

図7　正方形の一辺と斜辺の長さの関係

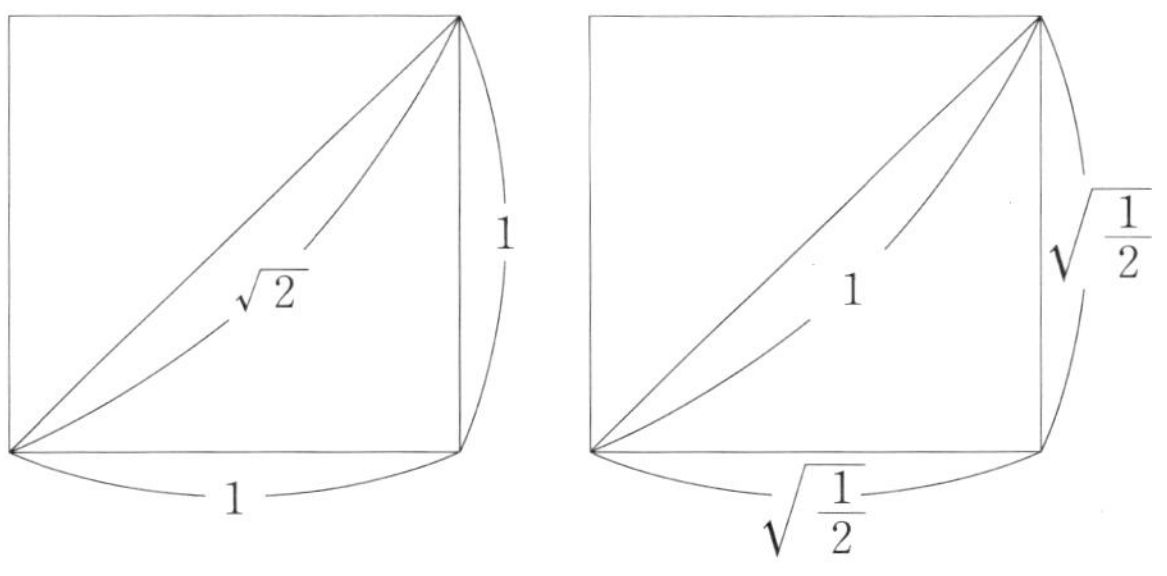

は難しくないからわかっていた。だけど、宇宙は全部比で成り立っているんだから、比例で表せないものは認められない。かと言って斜辺を1とすると、今度は正方形の一辺が$\sqrt{\frac{1}{2}}$になっちゃう（図7参照）。いずれにせよ無理数になるから数じゃない。すなわち正方形の辺が数だとすると、斜辺は数でなくなる。逆に斜辺が数だと辺が数でなくなる。こっちを立てるとあっちが立たず。それで「ちょっと、まずい！」ということで幾何と代数を一緒《いっしょ》にするのをやめて離《はな》しちゃった。

小川　あっ、そういう話があるんですか。

藤原　そう、幾何は幾何でやりましょうということで、合同とか相似《そうじ》とか円周角だとか、数がいらないほうにどんどんユークリッドは進んでいった。数は数のほうで、一緒に合体させないように……。

小川　結構、人間の都合で……。

藤原　そうなんです。天才たちもそう思っちゃったわけです。

小川　確かに、無理数を数字として受け入れるのは難しいことなのかもしれないですね。

藤原　ええ。ヨーロッパ人にとっては、とてもとてもね。それを受け入れるようになったのは、それから千五百年ぐらいしてから、ルネッサンスが終わってからです。それまでは、絶対、受け入れなかったんです。ところが、インド人は平気なんです。

小川　さすがゼロを発見しただけあって。

藤原　ゼロを発見したのはインド人、負の数を最初に認めたのは中国人と言われています。別に分数で表さなきゃいけないなどとは思っていませんでしたから、無理数もごく自然に認めちゃう。負の数は負債《ふさい》のマイナスがあったから、わりと簡単だったけど、ゼロははるかに難しく何世紀も後でした。でも、哲学的《てつがくてき》にインドは非常に進んでいて、無

ゼロを発見した
インド人

があったからゼロをすんなり認めちゃった。あと、ゼロを使って記数法を発見したのもインド人です。いま「アラビア数字」と言いますが、ほんとうはインド数字です。要するに、中世のヨーロッパはアジアや中近東よりはるかに遅《おく》れていて、未開国みたいなものでした。インドが発見して、それがアラビアを通ってヨーロッパに入ったので「アラビア数字」と言うようになった。本当はインド数字です。

小川　記数法って何ですか。

藤原　たとえば、「723」とか「364」とかいう風に数字を書きますよね。こういう書き方はインド人が始めました。ヨーロッパでは、十五世紀、十六世紀までどういうふうに書いていたかというと、７２３をローマ数字では、「DCCXXIII」そして３６４を「CCCLXIV」と書いていたんです。ラテン語の申し合わせでは、

I ＝ 1　V ＝ 5　X ＝ 10　L ＝ 50

C ＝ 100　D ＝ 500　M ＝ 1000

ということです。ローマ数字はこのような記号を羅列《られつ》しているだけ。笑っちゃうでしょ

う。「DCCXXIII」と「CCCLXIV」を掛けろと言われたら、もうお手上げです。誰も計算できない。

小川　十進法がまだ……。

藤原　ないんです。こんな記数法ですから、位取りができていない。ローマなんてずうっとこれでやっていました。筆算できないのだから、こんなもの、計算した結果を記録するくらいにしか役立たない。インドは平気の平左《へいざ》です。ゼロでもなんでも受け入れちゃう。寛容《かんよう》です。

小川　ゼロがあるから位取りができるということですね。

藤原　そうです。ゼロがなければダメです。記数法はものすごく重要な発見です。

小川　日頃《ひごろ》私たちが、何気なく「100の位」と言っていますが、この非常に根本的で貴重なことを、インドの方が発見してくださっていたわけですね。

藤原　そう。ラテン語の数字を見ると、ありがたみがわかります。筆算ができないから、計算は木を組み合わせた算木でやるんです。

4　ヨーロッパ人とインド人の包容力

小川　自然数の足し算をやっていくときに、三角形の形に黒丸を並べていって、それを二つ合わせて四角形にしましたね。三角形を眺《なが》めていただけでは式は出てこないので、もう一個三角形を逆向きにくっつけたというところが、いちばんのひらめきですね。その三角形を二つくっつける発想がすばらしいですね。

藤原　視覚化されているわけです。こういうふうに図形と合体すると、数学が非常にイキイキとしてきます。現実の数学の進歩を見ても、図形化されることで、理解も深まってきたわけです。たとえば、マイナスの数。プラスの数なら、石ころが1個2個3個と目に見えるでしょう。マイナスは誰の目にも見えない。だから、未開の地ヨーロッパでは、十六世紀になってもマイナスは認められていない。そして十七世紀ぐらいになって、デカルトあたりが数直線を書く（図8参照）。中学校で習ったでしょう。こうやって図で描《か》いたら、「ああ、なるほど」と人々が認めてくれた。図形化し、視覚化することが、数学ではしばしば重要です。それによって初めて本質が把握《はあく》されることが多い。

ヨーロッパが遅れていた例をもう一つあげれば、虚数《きょすう》があります。$x^2+1=0$という方程式を解こうと思って、昔の人は皆まいっちゃったわけです。これは要するに$x^2=-1$ということです。普通の世の中の数は、2乗したらなんだって正になりますから。-1を2乗したら1です。こういう方程式を解こうとすると、どうしても虚数のようなものが必要になってくるわけです。

小川　xはどこかにあるということでしょう。

藤原　そうそう。だけど、この世の中にはない幻《まぼろし》の数、虚数です。これを初めて認めたのは十六世紀のカルダノという人。二次方程式を解こうとすると、$x^2+1=0$が出てきちゃう。そこで彼はおもしろいことを言っています。「虚数によって受ける精神的苦痛は忘れ、ただこれを導入せよ」

小川　ハッハッハッ。

藤原　かわいいでしょう（笑）。いまから考えると、大の男が、２乗して−1になる数は精神的苦痛と言う。でも誰も導入を認めなかった。十七世紀後半になっても、大哲学者で大数学者のライプニッツでさえ、虚数についてはずいぶん悩《なや》んでいた。でも彼は肯定《こうてい》的《てき》な立場に立っていたんです。虚数はiとも書きます。イマジナリーナンバー（想像上の数）のiです。そしてこう言いました。「神はいとも崇高《すうこう》にその姿を現した。存在と非存在の間に漂《ただよ》う奇《き》跡《せきてき》的産物」

小川　ああ、詩人ですね。

藤原　百五十年かけて、「精神的苦痛」から少し進んだ。これでも誰も認めない。そこからまた百五十年ぐらいたった十九世紀前半に、ガウスという数学史上最大の人物が出てくる。この人が視覚化してやっと虚数が認知された。デカルトは数直線で負の数を表しましたが、ガウスは座標軸《ざひょうじく》で虚数を表した（図９参照）。横軸が実数軸、縦軸が虚数軸。そして一般の複素数（実数と虚数とで構成されている数）は$a+bi$と表せます。たとえば、$3+5i$というようにです。これは実数軸上の３、虚数軸上に５という座標を

図8　デカルトの数直線

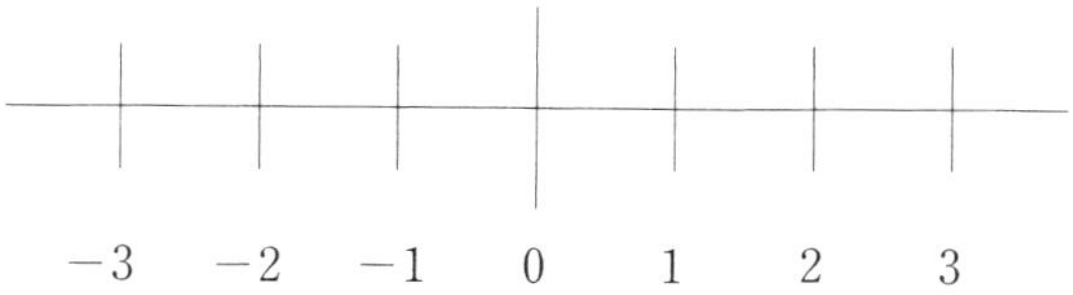

図9　ガウス平面

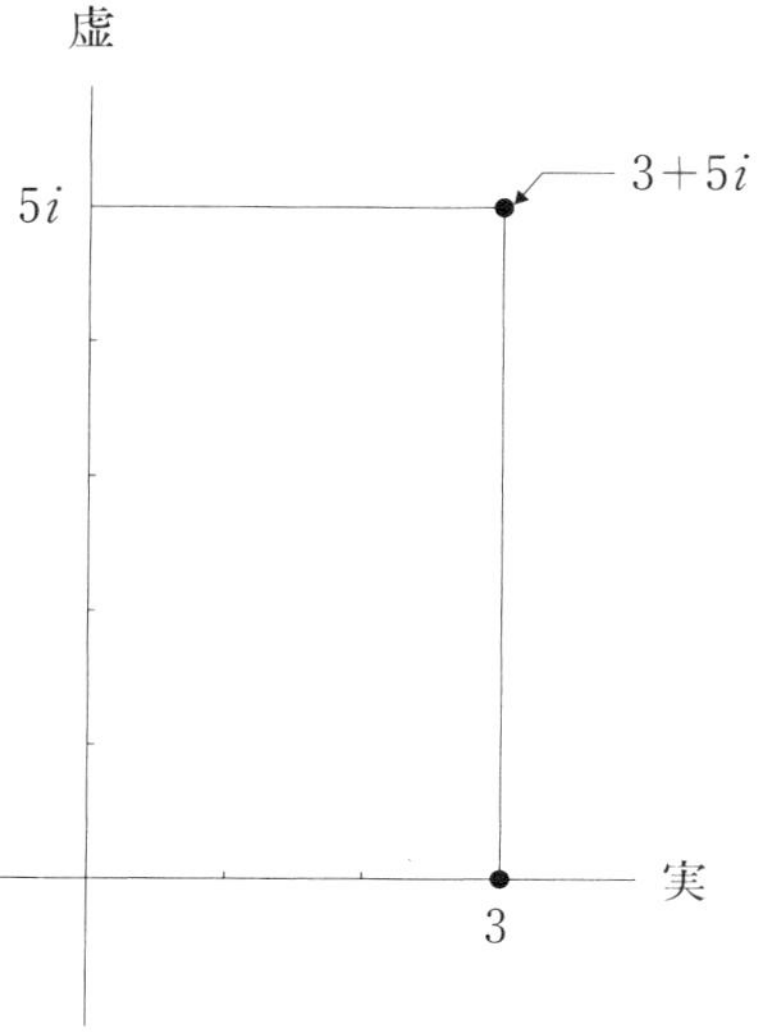

もった点を$3+5i$とする。これを複素平面とかガウス平面と言います。虚数、一般に複素数をこの平面上の点として表した。

われわれの世の中は、横軸の実数上にいるけれども、もっと広がった世界をガウス平面という平面として図示した。そうしたら、それまで幻の数だったiが皆の目に見えてきたので現実感が増した。そうやって初めて、虚数が認知されたんです。

小川　さすがガウスですね。

藤原　図形化する、視覚化するということが、数学の発展では重要です。理解とか発見には視覚化というか、イメージがしばしば必要です。

小川　虚数は物理学の世界が発展してくると、ますます重要になってきたんですね。物理の計算上iがどうしても必要だったと言われます。数学者が先に見つけておいて、それに遅れて物理学のほうが必要としてきたということみたいですね。

藤原　そうなんです。カルダノが$\sqrt{-1}$を使ったとき、彼は物理学の「ぶ」の字も知らなかった。二次方程式を解こうとしただけですから。それが、後になって自然科学にとって重要となってくるわけです。
ユークリッドの幾何だって、ユークリッドがやっているときは三角形の合同だとか、円周角が等しいとか、そんなことが世の中に役立つかどうかなんて何も思っていない。ところが、何の役にも立たないと思われていた幾何を二千年近くたってニュートンが力学や天文学に起用した。そうして、ニュートンは初めて天体物理学を作りました。彼の書いた『プリンキピア』という本は、自ら発見した微分《びぶん》積分でなく、ギリシア時代のユークリッド幾何学を使っているんです。

小川　役に立つまでが二年三年じゃなくて、二千年というところが、やっぱり数学の偉《い》大《だい》なところですね。

藤原　そうなんです。たとえば、ユークリッド幾何を中学校や高校の頃に習ったと思うけれども、図形の性質って、すごく美しいでしょう。たとえば、円を描くと同じ弧《こ》に対する円周角が等しい、なんて、きれいでしょう（図10参照）。あんな美しい例が山ほどある。恐《おそ》らく数学史上、数学者は古今東西、誰一人世の中に役立つかどうかは頭に入れ

図10　円周角の性質

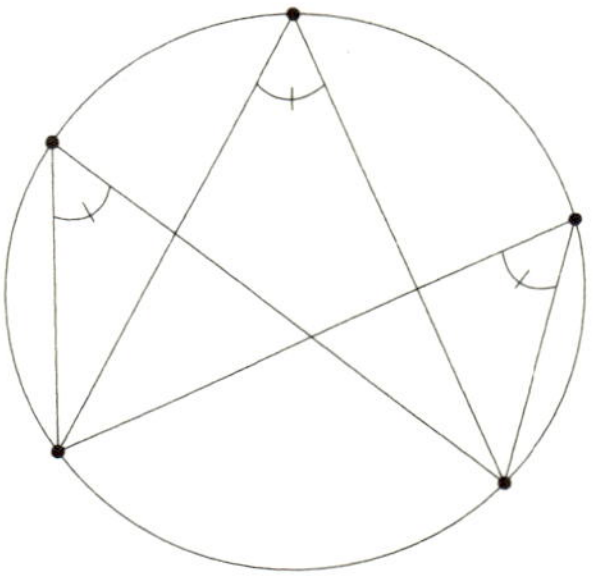

一つの弧に対する円周角の大きさはすべて等しい

てない。だけど、後世になってみると役に立っている。あまりに役に立つので、量子物理学で有名なウィグナーが「数学の不当な有用性」と評したほどです。しかも美しい数学ほど役に立つんです。醜い数学は自然に消え去ったり忘れ去られたりする。

小川　間違っているという意味ではないんですね。

藤原　正しいけれども、何の応用もなく、誰も見向きもしなくなる。美しいものほどなぜか有用性が高い。

小川　やっぱりそうなんですねえ……。

藤原　それがほんとに不思議です。これは私もよくわからない。十年ほど前に、いま世界で素粒子論《そりゅうしろん》ではナンバーワンと言われているエドワード・ウィッテンというプリンストン大学の理論物理学者と対談しました。その人のやっているのは、スーパーストリングの理論（超ひも理論）というものです。原子核は素粒子からできている、素粒子はクォークからできている、とどんどんやっていくと、最後はヴァイオリンの弦《げん》のように、震《ふる》えている、振動《しんどう》している弦だというんです。物質は何もかも振動している弦からできているという理論なんです。

彼の理論がもっとも説得力があると多くが認めているけれども、本当に正しいかどうか、これから百年経《た》ったって検証のしようがないらしい。われわれの身体に対する原子核の比より、原子核に対するスーパーストリングの比の方が小さい、というほど極端《きょくたん》に小さいので。めちゃくちゃ小さすぎて、どんなことをやっても検証のしようがない。だからいくら正しそうでも、彼がどんな大天才でもノーベル賞はまずもらえない。百年経っても検証できないんだから、正しいのか嘘《うそ》なのか決定できない。

彼に「なんでそんなものが正しいと確信してるんだ」と聞いたんです。そうしたら、「数学的にあんなに美しいから、それが嘘のはずがない。神様が必ずこの宇宙をこういうふうに作っているはずだ」と。そこで僕はちょっとびっくりしたんです。理論物理の世界でも、理論が非常に美しかったら、現実もこれに従っているはずだとなっちゃう。

小川　つまり現実は美しいということですね。空想の世界よりも現実のほうがうんと美しいんだ。

藤原　美しくできてしまっている。

小川　虚数の話を伺《うかが》うと、−1というのは、結構重要な数ですね。−1は2乗すると1ですね。でも1から−1をつくり出すことはできない。1を2乗しても1ですね。

藤原　マイナスは普通の世界ではいらないわけです。世の中にないんだから。どこを見たってマイナスのものは目に見えないわけですから。だから、昔の人にとっては精神的苦痛だった。

小川　マイナスを二回かけると1になるということは、やっぱりちょっと受け入れがた

Magic,
Mystery.
and Matrix
Edward
Witten
(1951〜)
エドワード
ウィッテン
ここに
ものすごい ひもが
あります チョー ひも！ネ

い。マイナスを増やしていくと、正の数になるということですものね。

藤原　そうですね。だから苦痛なんです。十七世紀のニュートンの頃からです、マイナスが市民権を得たのは。だけど、学校ではまだ教えない。十八世紀になっても、ヨーロッパの中学生の教科書には出てこない。苦痛すぎるから（笑）。

小川　欧米人のほうが、何か観念にとらわれているところがあるのでしょうか。宗教的にも、政治的にも、縛《しば》りが大きいんでしょうか。

藤原　思《おも》い込《こ》みが激しい。そして柔軟性《じゅうなんせい》がない。現代の政治を見てもわかります。

小川　ダーウィンがずうっと虐《しいた》げられていたみたいに。

藤原　ダーウィンに対する迫害《はくがい》ってすごいでしょう。「人間は猿《さる》と同じか」なんて……。数学史を繙《ひもと》くと、西洋人が負の数、無理数、虚数に対して、いかに拒否《きょひ》反応を示して受け入れなかったか、それに対して、インド人をはじめとしてアジア人は軽々と受け入れていったことがよくわかります。一神教と多神教の違いかもしれません。たとえばインド人は、どんな宗教でも受け入れるでしょう。もともとヒンズー教国でありながら、キリスト教徒もイスラム教徒もいっぱいいる。仏教もシーク教もいる、なんだってみんな受け入れる。包容力がすごいんですね。

5　素数＝混沌《こんとん》のなかの美の秩序《ちつじょ》

小川　次は素数についてお聞きします。素数とは、「1より大きい整数で、1とその数自身以外に約数をもたないもの」なんですが、なぜか、法則なく気まぐれに出現するんですね。数学が永遠で完全なるものであるならば、なぜ素数の現れかたに公式がないのでしょう。素数の出現する法則は、もう見つからないんでしょうか。

藤原　いまでもプロの数学者は皆考えていることですが、素数というのは難しい。公式が見つからないというか……こういうことです。素数は、2、3、5、7、11、13、17、19……と続きますね。たとえば、2が1番目とすると3が2番目、5が3番目、7が4番目、11が5番目ときて n 番目の素数を p_n と書きます。p_n を何か公式的に書き表せるかということでしょう。

小川　ええ、そうです。

藤原　この公式はあることはある。

小川　あっ……そうなんですか。

藤原　ところが、たとえばnが1万だとすると、p_nは何かというのを、この公式によって計算するのにコンピューターでも何日もかかる。だから実用にならない。素数を小さい方から順々にかいて1万個目までいったほうが全然早い。100番目の素数なら小川さんが順々に書いていったら二十分ぐらいでできるでしょう。

小川　ええ。100個目ぐらいまでなら、落ちついてやればできます。

藤原　この公式で小川さんが計算すれば二十日間かかるかもしれません。そのぐらい役立たずの公式なので、とにかく使えない。理論的にも実際的にも無価値。だから、素数を表す公式はまだないと言っていい。

小川　じゃあ、公式としてあまり美しくないということですね。

藤原　そうです。醜すぎてどこの教科書にも載《の》ってない。

小川　素数は美しいのに、素数を求める公式は美しくない。

藤原　そう、今のところは。素数というものは、ほんとうに気まぐれなんですね。3と5のように2個差だったり、7と11のように4個差だったり、もっと離れていることもある。たとえば、100万個連続して素数が出てこないこともあるんです。

小川　そこで終わりじゃないかと心配になるんじゃないですか。素数がここまでだったらどうしようと。

藤原　大丈夫、いつまでも出てくることが分かっていますから。出方が不規則で何がなんだかわからない世界ですけど、なぜ、数学者が素数にひかれるのか。まずいちばん大きい理由は、「1より大きなすべての整数は、素数であるか、いくつかの素数の積としてただ一通りにあらわされる」ということです。すべての整数は素因数分解できる、すなわち素数の積で書ける。たとえば、12は2×6とか4×3のように積としてあらわすことができるんですが、素数の積の形であらわす方法、つまり素因数分解は3×2^2の一通りだけなんです。だから、素数はすべての整数の素だということなのです。すなわち、すべての整数は次のように表せるのです。

$$n = p_1^{a_1} \cdots p_t^{a_t} \quad (p_1, \cdots, p_t \text{ は素数})$$

さらに言えば、素数というのは、すべての整数の素《もと》でありながらなんの統一性もなく気まぐれに出現する、まさに混沌なんです。でも、この混沌のなかに美がある。だからよけいに魅力を感じる。美しそうなところに美しいものがあっても、すばらしい花園に美しいチューリップがあっても意外性はない。混沌のゴミ溜《た》めのなかに美しいチューリップがあると「おおっ！」となる。混沌のなかの美（秩序）なんですね。そして、めちゃくちゃに出てくるように見えるけれども、実は、1からnまでに出てくる素数の個数、すなわちn以下の素数の個数を示す式があります。その個数を$\pi(n)$（円周率のπとは無関係）と書き表すと、

$$\pi(n) \fallingdotseq \frac{n}{1+\frac{1}{2}+\frac{1}{3}+\frac{1}{4}+\frac{1}{5}+\cdots+\frac{1}{n}}$$

こんな簡単な式で表せるなんて美しい。ガウスは天才の本能で、これだと見抜《みぬ》いたんです。彼が発見したんですが、さすがに証明まではできなかった。七十～八十年経ってから、別の人がやったんです。大天才でも証明ができない。でも発見したのは彼だから、やっぱりすごい。nが大きくなるにつれ、精度がよくなります。

小川　ああ……個数はそういうふうにわかるわけですね。

藤原　ええ、個数はね。完全に＝（イコール）じゃない≒（だいたい）ですが。

小川　そこが怪《あや》しいですね。

藤原　でも、複雑怪奇《かいき》に出現する素数がこんな単純に表せる。すごく美しいですね。

小川　すべての自然数は素数の積で表せるのに、その素数の現れ方が非常に混沌として不規則であるというところに、数学というものの、なにか難しさの基本があるみたいな感じですね。

藤原　混沌だけじゃない。混沌のなかにも美の秩序があるんです。それがたまらない所です。

小川　秩序があるけれども、それをスパッと書き表せない。何かあやふやな秩序はある。

藤原　あるんです、あやふやな秩序が。神様は不思議で、素数をあれほどアトランダムに不規則に散らしておきながら、ちゃんと秩序を隠している。

小川　何か隠さなきゃならない理由があるんでしょうか。

藤原　神は全能だけど意地はかなり悪いのでしょう。人間にとっても、神様が全力で隠しているから、なかなかわからない。

小川　2個だけしか差のない「双子素数《ふたご》」にしても、3と5、5と7、11と13、17と19と、やたらにありそうです。でも無限に双子素数があるかどうかは、まだ証明されてないみたいですね。

藤原　そうです。素数に関して言えば、「ゴールドバッハの問題」というものもあります。

小川　ええ、聞いたことはありますが、まだ証明されてないんですか。

藤原　証明されてないんです。世界中の天才がよってたかってやっても、びくともしないんですから。ほんとに素数は手に負えないんです。「ゴールドバッハの問題」というのは、「6以上の偶数はすべて二つの素数の和で表せる」というものなんです。

6＝3＋3

8＝3＋5

10＝3＋7＝5＋5

12＝5＋7

14＝7＋7＝3＋11　…

小川　うまくいきそうですけど。

藤原　このままどんどんどんどん何億何兆までやっても、コンピューターで確かめると全部オーケーです。でも数学の世界では何兆なんて小さい。1兆の1兆倍だって小さな数です。たかだか有限な数ですから。1兆まで確かめられていても、証明ができてないと、「だからなんなの？」となっちゃう。すべての数学者はゴールドバッハの問題は正しいと思っているんです。

小川　気配としては正しいですね。

藤原　だけど、証明ができないんです。どうしたらいいかさえわからない。

小川　素数が出てくるからでしょうか。

藤原　たとえば、5は自分自身と1以外に約数がない、だから素数です。6は素数じゃない。なぜかというと6は自分自身と1以外に2と3という約数を持つから。自分自身と1以外の約数を持つ数を合成数と言います。すべての数は素数か合成数になります。素数の定義は、このように約数を持たないことです。ところが、約数とは掛け算のはなしでしょう。ゴールドバッハの問題は足し算の問題です。

小川　ああ、そうですね。

藤原　そう、足し算と掛け算ですから、ここがうまく合わない。だから難しいんだと、僕は思います。掛け算に関しての素数の問題だったら、はるかに簡単に明らかになっちゃう。でもゴールドバッハの問題では、掛け算で定義しているものを足し算で考えようとしているから難しい。もう三百年近くになりますが、未解決です。

小川　じゃ、いまフェルマー予想が攻略《こうりゃく》されたので、次はゴールドバッハ……。

藤原　フェルマーは三百五十年ぐらい前です。ゴールドバッハはフェルマーよりは新しい。ただ、フェルマーも同じですが、フェルマーがわかっても、他の数学にあまり大きな影響《えいきょう》は与えない。ゴールドバッハがわかっても、他の数学にどれほどの影響を与えるのかどうかわからないんです。

小川　フェルマー予想は、「$x^n + y^n = z^n$ の n が3以上になると満たす解はない」ということを証明するためで、ゴールドバッハの問題は「ある」ということを証明するものですよね。

藤原　あるほうを証明するほうが数学では難しいことがよくあります。

小川　そうですか。あるということは、つまり無限にある。無限に正しいということを示すわけですね。フェルマー予想は証明されても、結局「ない」ということが証明されたので、なんとなくちょっと一抹《いちまつ》の虚《むな》しさが残るような気がします。ゴールドバッハの問題ができれば、すっきりするような(笑)。

藤原　僕は「ない」も「ある」も同じようにすっきりしますが。

6　果てしなき素数の世界に挑《いど》む

小川　素数が無限にあるということは証明されているんですか。

藤原　はい、素数は一兆より上にも、百兆より上にも、どこまで行ってもある。「素数は無限にある」という定理も美しい定理ですね。それは、ユークリッドあたりが証明している。背理法を使うんですす。素数が有限個と仮定する。有限ならそれを全部書きだしちゃう。2、3、5、7、11……と小さいほうから全部書いちゃって、いちばん大きい素数をたとえば p とします。これがすべての素数である。もう世の中に他の素数はありませんよ、と。そうしてこういうことを考えるんです。全部の素数を掛けて1を足す。

$$N = (2 \times 3 \times 5 \times 7 \times 11 \times \cdots \times p) + 1$$

すべての数は素数か素数でないか、すなわち素数か合成数のどちらかです。このNが合成数だとすると、素因数分解できますから必ずある素数で割り切れる。ところが、素数は世の中にさっき書いただけしかない。だからNはそのうちのどれかで割り切れる。ところが、Nは2で割っても、3で割っても、pで割っても余りはいつも1です。どの素数でも割り切れない。したがって、Nは合成数ではない。

小川　Nは素数ということですね。

藤原　そうです。ところが、Nが素数だとしたら……。

小川　pより大きい。

藤原　そうそう。いちばん大きい素数をpとしたのに、Nはそれより大きい素数になる。矛盾《むじゅん》しちゃう。矛盾が出てきたということは、初めの、素数は有限個という仮定が間違っていたから。すなわち素数は無限個ある。これが二千年前にギリシア人が考えた証明です。何かを仮定して、そこから今のように論理的に矛盾を導き出す。こんなことが起きたのは初めの仮定のせいだ。こうして初めの仮定が誤《あやま》りであることを証明するやり方は背理法とよばれています。それにしても見事な証明ですね。

小川　+1をするという小さなひらめきが。

藤原　すごく不思議でしょう。ギリシア人は、マイナスの数も$\sqrt{\ }$も受け入れない、もちろん虚数もです。ゼロだってない世界で、こういう離れ技はやってしまう。

小川　+1なら有益に使うことができるわけですね。

藤原　+1以外の数ではうまくいかない。

小川　無限にあるということを証明できるというのはすごいことですね。本来なら手に取って見せることができない無限を、数学の証明はちゃんとこういうふうに論理で説明できる。

藤原　ただ、素数は無限にあると言ったけれども、現在、見つけられているいちばん大きな素数は$2^{20996011}-1$、これは630万桁《けた》以上になる。

小川　ええっ……読み上げられないわけですね(笑)。

藤原　これは時々刻々変わっています。これは二〇〇三年十二月の段階での最大の素数です。

小川　見つけようとしている人がいるんですね。

藤原　山ほどいます。630万桁といったらものすごいです。1兆だって、たった12桁でしょう。最大素数を探している人は皆、pを素数として、

$$2^p-1$$

を計算します。

これは素数になるとは限りませんが、たまたま素数になった時、それをメルセンヌ素数と言います。2を素数乗して1を引くと、これはしばしば素数になることがある。

小川　－1が必要なんですね。2で割れちゃうから、1を引いておかなくちゃいけない。

藤原　そしてコンピューターでやる。630万桁のものは二十一万台のパソコンでやったということです。アメリカ中のマニアを集めて、皆、同時にパアーッと計算しはじめるんです。もちろん、指令を出すスーパーコンピューターをどこかで使っているんでしょうね。そして何日もかけて計算した結果、これが最大素数とわかった。そういう暇人《ひまじん》がいっぱいいるわけです。金鉱探しのようにお金になるわけではないから、偉《えら》いと言えば偉い。

小川　最大を見つけても、それが尻尾《しっぽ》じゃないことは、もちろんわかっているんだけれども……。

藤原　来年になったら、きっともっと大きいのが出てきます。

小川　破《やぶ》られる記録であることは承知の上で探しているわけですね（笑）。

藤原　フェルマー素数というものもあります。フェルマー予想のフェルマーです。フェルマーもメルセンヌもどちらも十七世紀の人です。

$$F_n = 2^{2^n} + 1$$

これがフェルマー素数。2の0乗は1、2の1乗は2、2の2乗は4、2の3乗は8だからF_nを計算していくと……

$F_0 = 3$

$F_1 = 5$

$F_2 = 17$

$F_3 = 257$
$F_4 = 65537$

F_0、F_1、F_2、F_3と全部素数です。実はフェルマーはこのF_nはnが何であっても全部素数と予想したんです。これもフェルマー予想です。ところが、それから百年ぐらい経って、F_5をオイラーが計算したら4294967297。ところが、オイラーは気がついた。これは素因数分解できる。641×6700417。すると素数じゃない。

小川　5で早くも（笑）。

藤原　だからフェルマーの予想は大嘘だった。さらに、最近になってコンピューターで少し先の方まで試したら、これ以降はまだ一つも素数がでてこない。

小川　そうなんですか。かなりいい加減な予想だったってことですね。だとすれば、メルセンヌ素数のほうが、まだ実用的。

藤原　フェルマーはものすごい大天才なんだけれども、天才でも予想を間違うという典型です。当時の計算能力では確かめられない。もちろん4294967297までは計算しているけれども、素因数分解ができなかった。641は素数ですが、641で割れるなんてね、なかなか気がつかない。こう見てくると、フェルマー素数なんてくだらないものに見えるでしょう。ところが、そうでもない。なぜかというと、コンパスと定規で作図できる正n角形に関係してくるのです。たとえば、正三角形はコンパスと定規で描ける。正四角形すなわち正方形や正五角形も描けます。それでは正n角形ならどうかというと、

$n = 2^r p_1 \cdots p_t$　（ただし$p_1, \cdots, p_t$は異なるフェルマー素数）

の形に書き表せる時だけコンパスと定規で作図できる。こういう定理です。これはガウスが証明した。さっきのフェルマー予想は大嘘もいいところだった。でも、そのフェルマー数がこんな作図の問題で主役を演じちゃう。

小川　ここで式と図形との間に新たな秘密が……。

藤原　結局、コンパスと定規で作図できる正n角形を確かめてみると、二角形はないから、まず三角形を確かめます。右の式で$r = 0$, $p_1 = 3$の時にnは3となります。その

次にできるのは、$r=2$でフェルマー素数が一つも出てこない時にnは4で正方形。その次の正五角形は$r=0$, $p_1=5$の時です。その次は$r=1$, $p_1=3$の時にnは6ですから正六角形も作図できる。正七角形は、どんな天才ががんばったって、絶対に作図できない。正八角形は作図できる。正九角形も作図できない。正十角形は$r=1$, $p_1=5$の場合ですから作図できます。正十一角形は作図できません。こういうふうに作図できるかできないかすぐにわかっちゃう。

ガウスは十八歳《さい》の三月三十日朝、寝起《ねお》き様《ざま》に正十七角形がコンパスと定規で作図できるということを発見した。彼はそれまで神学に進もうか数学をしようか迷《まよ》っていた。この発見の瞬間に、初めて自信を持って数学に行くことを決心した。僕は朝起きるとトイレに急ぐだけですが、ガウスは正十七角形がパッと出た（笑）。

小川　七角形がダメだから十七角形もダメっぽいですが。でも実はできるんですね。

藤原　そう、$r=0$, $p_1=17$の時です。こうして作図できる正多角形のうち素数角形のものは3、5、17、257、というふうにほんのちょっとしかない。十一角形も十三角形も十九角形も二十三角形も、何も描けない。

小川　フェルマー素数は作図できる。

藤原　あんな $2^{2^n}+1$ なんて、勝手に趣味《しゅみ》的《てき》にやってきたことが、こんなことと一緒になっちゃう。

小川　思わぬところで役割を果たしちゃう。本人の予想を越えて。

藤原　だからフェルマーはすごい天才なんです。さっきの予想は、天才の早とちりだと思われた。でもこんなことに出てくるのは、やっぱりすごいことです。普通の人はそうはいかない。間違っていても、正しい方向に間違うところが天才なのです。ガウスがこれをやったのは十九世紀はじめ、百五十年以上後ですから、たぶんフェルマーが生きていたらびっくりしたでしょう。

小川　天才たちがリレーしている感じですね。百五十年ぐらいの周期で、いろんな考え方をリレーしている。ガウスは映像的に考える方面に秀《ひい》でていたんですかね。

藤原　と思います。また、昔やった細かい計算結果を覚えていたりもします。また計算をいやがりません。彼のノートの切《き》れ端《はし》を見ていると、1000個までに出てくる素数の数、1000個までに出てくる素数の数を表に書いている。たとえば、1000個までに出てくる素数の数を2、3、5……なんてあの大天才が時間をかけて、子どものころに勘定《かんじょう》している。そして、

$$\pi(n) \doteqdot \frac{n}{1+\frac{1}{2}+\frac{1}{3}+\frac{1}{4}+\frac{1}{5}+\cdots+\frac{1}{n}}$$

すごいことですよ。僕だって表は簡単にできます。だけど、どれだけ見たって、こんな関係が出てくるわけないですから。

小川　三月三十日にひらめいたのには何か意味があるんでしょうか。

藤原　数学を専攻するときは、皆こわいわけです。だって自分にそれだけの才能があるのか不安でしょう。純粋《じゅんすい》数学はあまり潰《つぶ》しがきかないし。

小川　数学者か何者でもないか、どっちかしかないわけですね。

藤原　自分に果たして才能があるのか。子どもの頃から数学が得意で、先生にもほめられたし、小中高といつも、先生よりできた。でもそんな者は世界中にいくらでもいるだろう。世界の秀才天才と四つに組んでやっていけるだろうか。ものすごく不安になります。

ガウスも同じように思っていたんでしょう。好きというだけで数学にのめりこんでいたんだけれど。それでその朝、正十七角形が作図できるとわかって、ものすごい自信を得たんでしょうね。

小川　私、誕生日《たんじょうび》が三月三十日なものですから。

藤原　昔、「フランシーヌの場合」という歌がありました。「三月三十日の日曜日」という歌詞の。僕はあれを聞きながらいつも「ああ、ガウスが発見した日」だと。今日からは小川洋子さんの誕生日と三つになった。

小川　330が輪になって、ガウスが登場してくるとは、私の予想外でした。

藤原　ガウスが数学者になることを決意した歴史的な日です。彼のおかげで数学は劇的に進みました。小川さんは『博士の愛した数式』を書く運命にあったんですね。

7　数学者を脅《おびや》かす悪魔的《あくまてき》な問題

小川　ゴールドバッハの問題ですが、いままで証明されてないということは、この予想が正しくないんじゃないかという方向にはいかないんですか。

藤原　それもあります。

小川　それがこわいですね。

藤原　それはすごく重要な質問です。たとえば、ゴールドバッハの問題で、コンピューターを使い、1兆×1兆、すなわち24桁くらいまで正しいことを確かめていたとしても、100万桁という極端に大きなある偶数があって、二つの素数の和としてどうしても書けないという可能性はある。コンピューターの能力をこえた、ずっと先の方に反例があるとしたら、その反例を知る方法はないし、無論どんな天才がどんな努力をしても絶対に証明できない。したがって、自分の証明しようとしていることが、もしかしたら嘘かもしれないという恐怖《きょうふ》は、どんな数学者にも常にあるわけです。命をかけてゴールドバッハを攻《せ》めている人達にはほんとの悪夢です。一生が徒労に終わるわけですから。数学者の恐怖はもう一つあります。どんなに頑張《がんば》ってもその問題が、現代の数学の水準をはるかに超《こ》えているということです。攻撃に必要な武器がまだ整っていないということです。

小川　いまは時期じゃないということですね。

藤原　たとえば、ガウスほどの人類史上最高の天才でも、月に行って石を持ってこいと言われたら不可能です。やはりロケットやコンピューターが発達して、はじめてとりに行けるわけです。数学にも状況《じょうきょう》がどうかということが重要です。状況が整っていないと、才能に物を言わせていかに頑張っても、解決はまったく不可能です。

実は、もう一つの恐怖がある。これが、いやーな恐怖です。オーストリア人のゲーデルが一九三一年に「不完全性定理」を発表しました。数学は不完全だ、といういやーな定理を発見したんです。史上始まって以来一九三一年までは、すべての人は数学上の命題はすべて、正しいか嘘っぱちかどちらかだと信じきっていた。1＋1は2か2でないか。三角形の内角の和は180度か180度ではないか。そして正しいことはいつかは必ず論理的に証明できる、と思っていた。ところが、この人がやったことは、簡単に言うと、正しいとも正しくないとも判定できない命題が存在する、ということを証明しちゃった。

小川　えっ、証明しちゃったんですか。

藤原　証明した。どうがんばっても真とも偽《ぎ》とも論理的に判定できないものがあると。だから、ある種の命題はたとえ正しくても、どんなにがんばっても絶対に未来永劫《みらいえいごう》に証明ができない。そういうものが存在するということを証明したんです。こういうものを僕は性悪《しょうわる》な命題と呼んでいます。

小川　しかし正しいということには変わりはないんですか。

藤原　神様は正しいことを知っていても、誰も証明ができない。たとえば、ゴールドバッハの問題がそれである可能性もある。

Φ(φ)≡N(∃x)φ(x)
A(x)≡(∃x)[(x)[φ(x)≡~A(x)].Φ(φ)]
G(x).φε+φ(x)
(∃x)G(x)→N(∃x)G(x)
G=x[(φ)φε+→φ(x)]
ψε+→ψ(G)
↑なこといわれてもねェ
Kurt Gödel
ゲーデル(1906−78)

小川　じゃ、ゴールドバッハの予想が不完全性定理に出てくる、その性悪な命題であるということを証明することはできるんですか。

藤原　小川さんって質問が鋭《するど》いですね。ゲーデルの不完全性定理は、数学のように純粋に論理の世界でも、真偽を判定できない命題がある、ということでした。小川さんの質問は、ある命題が真偽を判定できない命題であるかどうかを、あらかじめチェックする統一的な方法があるのか。もしそういう方法があれば、そういう性悪な問題は避《さ》けて通ればいい。そういう問題にとりかかって一生を潰したらえらいことになる。アラン・チューリングが、これにアタックしたんです。そして彼はそういう方法がないということを証明した。それで一躍《いちやく》世界的になった。彼がコンピューターを発見する前にです。人間の論理的思考とは何かということを定義した、その論文の中の一部からコンピューターが生まれました。ある命題がゲーデルの言う、原理的に真偽を判定できない命題、すなわち性悪な問題かどうかを判定する方法がないということを証明した。だからゴールドバッハが性悪な問題かどうかということすら確かめようがない。

小川　いやあ、恐ろしいですね。

藤原　ゲーデルの不完全性定理は数学界だけではなく、哲学界も含めて大騒《おおさわ》ぎになった。数学者にはショックです。

小川　それは一大事ですね。

藤原　それまでは、人間というのは、論理的にどんどん考えを進めれば、すべてがいつかはわかるという世界観を持っていたでしょう。ところが、どんなに人間が知性とか理性を働かせても、絶対に到達できないものがある。人間の論理とか知性には絶対的な限界があると言ったようなものです。性悪な問題の中に入るのは、たとえばゴールドバッハかもしれないし、死後の世界がどういうものか、魂《たましい》は存続するのか、神は存在するのか、といった問題かもしれません。科学者がどう考えようと、論理でいくかぎりは、絶対に到達しえないものがあるという可能性を示したわけです。恐ろしいことです。しかも、それが性悪な問題かどうかを確かめる方法もない。

小川　まさに悪魔的な……。

藤原　そうか、性悪よりも悪魔的な、というほうがいい。さすが小説家。悪魔的な問題かどうかを判定する方法もない。その恐怖が三番目の恐怖です。

8 円と無関係に登場するπの不思議

小川　きょう、どうしてももうひとつお話をうかがいたかったのは、円周率、πの問題です。円という完全無欠な完成された形なのに、その円周が3.141592……という絶対に割り切れない無限数でしか表現できないというのも不思議ですね。形の上では完結しているのに、数の上では完結していない。

藤原　そうですね。

小川　もっと不思議なことがありますね。紙にたとえば10センチメートルの幅《はば》で平行線を何本も引いて、そこに平行線の幅の半分の5センチメートルの針《はり》を投げると、針は平行線に触《ふ》れて交わるか、平行線のあいだに触れずに横たわるか、どちらかになる。その触れる確率が$\frac{1}{\pi}$になる、という問題があるらしいですね。先生がインタビュー記事で話されていたのを、たまたま見まして、びっくり仰天《ぎょうてん》しちゃったんです。

藤原　あれは「ビュッフォンの針の問題」です（図11参照）。10センチメートルと5センチメートルでなくとも、針の長さが平行線の幅《はば》の半分なら同じです。

小川　全然、円と関係ない問題にπが突然登場してくるということが、どうしても私には理解できないんです。二つに一つだけれども、$1/2$ではない。そこにどうして突然πが……。「どこからあなた来たんですか」と聞きたくなっちゃう。

藤原　これは神様の悪戯《いたずら》です。何といっても、円周率ですからね。「ビュッフォンの針の問題」という有名なものですが、不思議です。ここにπが出てくるなんて。

小川　触れる確率のほうが低いということですね。3.14だから$1/3$ぐらいだということですね。

藤原　これをどこかで話したら、ある人がコンピューターで実験したんです。100万回とかやると、π分の1に小数点何桁かまで近くなる。さらに時間をかけて、1億回とか10億回とかやる。そしたら、ほんとにどんどん近くなった。その人はすごく研究熱心な人で、どのぐらいのスピードで$1/\pi$に近くなるかということまで実験して計算してい

図11　ビュッフォンの針の問題

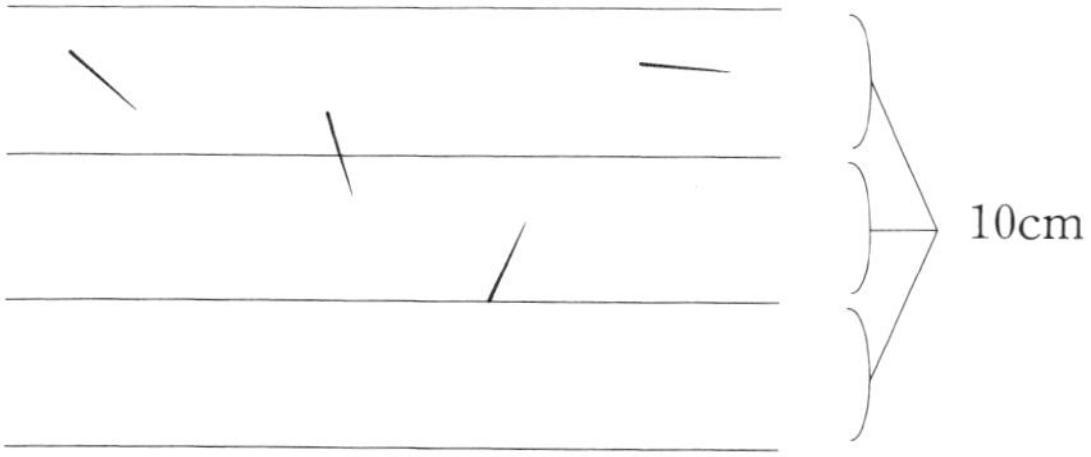

5cmの針を投げたとき、針が平行線に触れる確率は、$\frac{1}{\pi}$になる。

く。それがおもしろい。そうすると、そこにまた規則性がある。1億回やったときと比べて、10億回やると$\frac{1}{\pi}$との誤差が$\sqrt{10}$分の1になる。

小川　スピードに何かやっぱり秘密がある。

藤原　ええ。神様は、ありとあらゆるところに、小憎《こにく》らしいほど、何かを隠しているんです。

小川　針を投げるなんていうのは、まったくの偶然で、そこに規則性など出てくるとは思わない。

藤原　神様は何かを隠しています。そういう深い信仰《しんこう》がないと……。

小川　神様がいるということから、まず信じないと、先へ進めないわけですね。

藤原　どんな神様でもいいから、神様に感謝しながら、神様の懐《ふところ》を少し見せていただくということです……。たとえば、πに関して言うと、

$$\frac{\pi}{4}=1-\frac{1}{3}+\frac{1}{5}-\frac{1}{7}+\frac{1}{9}-\frac{1}{11}\cdots$$

πは3.141592……で、4で割るから0.785398……です。一方、1は$1/1$ですから、奇数を順番に逆数にして足し引きする。1から$1/3$を引くと$2/3$、0.6666……です。これに足す引く足す引くとやっていったら、いきなりπの$1/4$が出てきちゃう。なんでこんなことが……不思議でしょう。これは江戸時代に建部《たけべ》賢弘《かたひろ》も発見しています。

小川　江戸時代に、もうπという考え方はあったんですか。

藤原　そう、あったんです。関孝和《せきたかかず》は小数点以下12桁まで正確に求めています。関孝和は、円周の長さは円に外接する正n角形と内接する正n角形の周囲の長さの間だと考え、nを4、8、16……と大きくしていった（図12参照）。直径を1とすれば、円周の長さ

図12　関孝和が円周の長さを求めた方法

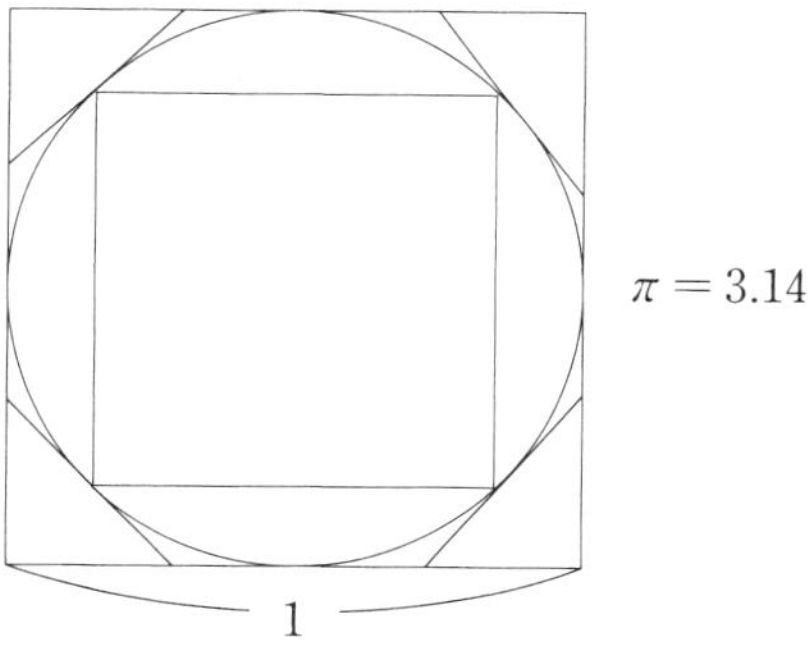

円周は円に内接する正n角形と、外接する正n角形の間と考えて、正四角形、正八角形、……と次々に描き、計算していった。

がπになる。次にこの正方形から正八角形を作る。その長さを数学的に計算していく。でも、これは難しいです。一辺の長さがわかればいいけれども、円に接する正八角形の一辺の長さだけでもたいへんでしょう。その次は正十六角形の一辺。歴史的には、πをどのぐらい正確に出せるかで、だいたいその国の数学レベルがわかったものです。こうして関孝和は12桁まで正しく求めた。

πに関して言うと、もっとある。さっき自然数の2乗の和を出したでしょう。今度は、自然数の2乗分の1をどんどん足していくと、どういうわけか $\frac{\pi^2}{6}$ になる。

$$\frac{\pi^2}{6}=\frac{1}{1^2}+\frac{1}{2^2}+\frac{1}{3^2}+\frac{1}{4^2}+\cdots$$

他にも、いろんな人がいろんなことをやりました。偶数の2乗を奇数の2乗で割る。

$$\frac{\pi}{2}=\frac{2^2\ 4^2\ 6^2\ 8^2\ 10^2\cdots}{3^2\ 5^2\ 7^2\ 9^2\ 11^2\cdots}\quad\left(\frac{2}{1}\times\frac{2}{3}\times\frac{4}{3}\times\frac{4}{5}\times\frac{6}{5}\times\frac{6}{7}\times\cdots\text{と計算していく}\right)$$

ただ分子には偶数の2乗をボンボン掛けていって、分母には奇数の2乗をどんどん掛けていくと、ぴったり $\frac{\pi}{2}$ になる。何の関係もないのに、πはいやになるほど、何にだって顔を出す。

たとえば、4乗分の1を足していくとどうなるのか。$\frac{\pi^4}{90}$ になります。

関孝和（？～1708）は
三、一四一五九二
六五三五八九
円周率を小数点以下12桁まで求めている

$$\frac{\pi^4}{90}=\frac{1}{1^4}+\frac{1}{2^4}+\frac{1}{3^4}+\frac{1}{4^4}+\cdots$$

πがどこからともなく現れる。πはもともと直径1の円周の長さでしょう。それがいろいろの級数の和にπが出てきちゃう。神様の悪戯のように。

小川　πは円から発見されたんでしょう。

藤原　もちろん。

小川　でも円から離れたところにもいたんですね。

藤原　もうめったやたらに出てくる。神様の悪戯というしかない。たとえば、『博士の愛した数式』にもしきりに出てくる「オイラーの公式」だってすごく不思議です。

$e^{\pi i}+1=0$ （eのπi乗$=-1$）

eは自然対数の底《てい》です。2.71828……

小川　eは無限に続く。πも無限に続く。iは目に見えない想像の数（虚数）。

藤原　それなのに、eを$\pi\cdot i$乗すると、いきなり-1です。πとiなんて何の関係もない、円周率と虚数でしょう。ところが、eという御仲人《なこうど》のもとに結婚《けっこん》させると、-1という子どもが生まれちゃう。こんなことはありえない話でしょう。全部関係ないもの同士です。対数からくるe、円周率からくるπ、虚数からくるi。スーパースター全員集合です。それをこうやって結び付けると-1になっちゃう。こんな信じられないことが、数学には山ほどあるんです。

小川　無限に永遠に続く数が、一瞬にしてパッと手品をかけられるみたいに-1になってしまう。魔法ですね。

藤原　恐ろしい。

小川　オイラーはこれをどういう必要性があって、発見したんでしょうねえ。

藤原　ハッハッハッ。

小川　こんなふうになるんじゃないかなと、遊んでいるうちにパッと偶然発見できたんでしょうか。

藤原　整数の整数乗だったら、簡単な話です。たとえば、$2^3=2\times2\times2$のことですね。

$2^{-3}=\frac{1}{2^3}$もいいですね。ところが$e^{\pi i}$は、実数の虚数乗でしょう。虚数乗をうまく美しく定義しようとした。そうするとこれができた。

小川 これを発見したときオイラーは気持ち良かったでしょうねえ。

藤原 でしょうねえ（笑）。

小川 ものすごくすっきりしたというか。

藤原 オイラーはラマヌジャンみたいな人で、乱暴なことをばんばんする。

小川 ある意味では、乱暴じゃないと、発想できないんですね。

藤原 数学の知識はあまりない人なんです。知らないけれども、ばんばん発見する。ラマヌジャンと同じです。いまから見るとものすごく乱暴なことをするけれども、不思議なことに間違えない。僕なんかが、あんな乱暴をしたら片っ端から間違える。オイラーとかラマヌジャンは間違えない。普段は乱暴なことをしても、ちょっとこれは危ないぞという局面ではしないんです。乱暴しても安心と見ると、ばんばん乱暴する。いまの数学を使って、全部正当化できる。

普通だったら、とんでもないことをしています。大学の数学科の試験でそんなことをしたら、皆、落第です。そういうことをオイラーとかラマヌジャンは平気でやってる。どうして危ないかをわれわれは知っています。彼らはどうして危ないかは知らないけれど、本能的にやばいところはきちっと避けて通る。不思議な人達です。

9　神様の手帖《てちょう》を覗《のぞ》けるとしたら

藤原　オイラーの公式のようなものがあるでしょう。あれは、あまりにも美しいでしょう。eとかπとかiの正当性が保証される感じがします。

小川　やっぱりiは間違ってないんだと……。

藤原　そう。人工物じゃない、神様が作ったものだと。

小川　そうですね。

藤原　あんな奇跡的に美しい関係が、人為的《じんいてき》なものの間に、成立するはずがない。間接的にeとかπとかiの正当性が保証されるんです。

小川　iを想像数というふうに名付けたり、精神的苦痛を伴《ともな》う数だとか言っているけれども、実は非常に安らかに存在しているわけですね。ところでひらめきの瞬間、先生の中ではなにが起きているんですか。

藤原　発見の直前まではもやもやっとしているんです。何もかも混沌の中にごちゃごちゃしていて、ほんとに気分が悪い。それが発見の瞬間、突如《とつじょ》ビシーッと整頓《せいとん》される。部屋を例にとると、ソファーやテーブルは引っ繰り返ってる、椅子《いす》があっちこっちに向いている。絵は落っこちている。そういう混沌とごちゃごちゃ、それが瞬間にビシーッときれいになっちゃうんです。こんがらがった糸玉が、突然スッと一本になるような感じになることもあります。そういう鋭い喜びはあまり他にないですね。

小川　先生とは全然レベルが違うんですけれども、やっぱり私でも、テストの問題でわからない状態にいると、つかみどころがなくてもやもやしてきます。それが、一つ補助線を引くとか、ある公式を思い出すとか、一つ小さな何かが飛び込んできたとたんに、パッと視界が晴れて……。

藤原　そうなんですよね。

小川　でも、その補助線をどうして自分が引こうと思ったのかはわからない。

藤原　われわれもまったく同じ気分です。たとえば、鎌倉《かまくら》幕府の二代目将軍が誰《だれ》かというのを知らない人は、一所懸命百科事典とかインターネットで調べます。そしてわかればそれはそれで嬉《うれ》しいですよね。だけど、やっぱり一所懸命考えて補助線を発見して、一気にゴニャゴニャしていたのがパシッといく。あの喜びは比較にならないものです。それが数学をやる人の喜びです。その喜びがあるからこそ、何日も何か月も何年も苦心《くしん》惨憺《さんたん》するわけです。暗闇《くらやみ》のトンネルのなかをずうっと蠢《うごめ》きながら歩くのは辛《つら》いことですから。向こうにある光をいつも期待しながら、それを信じて行くわけです。たどり着けないことも多いのですが……。

小川　最後にお聞きしたい。もし神様の手帖を一ページだけ覗けるとしたら、どうしてもこれだけは神様に聞きたいという謎《なぞ》はございますか。

藤原　数学のことだったら、現在考えていることに密接な関係のある、「バーチ・スウィナートン・ダイヤー予想」とか、ずっと若いときから考えてできない「アルティン予想」。そういうのをこっそり見てみたい。正しいのならその証明を……。でも、神様は証明をもってないかな。事実だけでね。証明は下々が考えるもので、結果だけかもしれない。これこれが成り立つとか。

小川　ああ、そうか。

藤原　証明があったらほんとに小躍《こおど》りしたいけど、せめて、正しいかどうかだけでも知りたい。それから次に「ゴールドバッハの問題」とか「リーマン予想」とかね。そういうものが正しいことなのかどうなのか、見たいですね。書いてあるはずだから。

結局、その神様の手帖にあるものを、どの程度、自分たちの力で見ることができたかというのが、その星に住んでいる生物の知的成熟度《せいじゅくど》のバロメーターです。たとえば、どこかの宇宙人と地球人との知性を比較するときには、どうやって比較するか。文学を比較したってしようがない。物理だって他の天体、銀河系《ぎんがけい》のはるか外の天体とは物理法則自身が異なる可能性がある。化学だって存在する元素が違うはずです。だから比較にならない。ところが、数学だけは、必ず同じです。

小川　平等に比較できますね。

藤原　自然数も素数も、どこに行ったってあるわけですから。そういうものについて、向こうがどれほどのことを知っているかで知性のレベルが分かる。たとえば、どこかの知的生物が地球にやって来て、「ここの生物の知能はどのくらいだ」と聞く。「フェルマー予想を解いた」とわれわれが言えば、「なるほど。なかなかのものだ」と言うに決まってる。われわれもどこかの星に行って、数学の話をすればだいたいわかる。十九世紀前半のヤコービという人は、「人間精神の栄光のために数学をする」と言っていました。どこまで数学を築いたかは、人類の栄光みたいなものです。そういう意味では、すぐに役には立たないけれど、非常に価値のある知の結晶《けつしよう》みたいなものです。

神様の手帖には、全部それが書いてあって、それは膨《ふく》らむばかりにあって、われわれの知っていることは何万分の一どころか、想像もつかないほど少ししか知らない。なぜかと言ったら、二千年前よりも千年前、千年前より百年前、百年前より今と、どんどんわからないことが増えています。

小川　解決していく問題よりもわからないものが……。

藤原　どんどん増えちゃっているんです。ある段階までいくと、さらに次の段階のわからない世界がパーッと広がる。わからないものがどんどん増える。だから神様の手帖は、百ページ、五百ページ、一万ページといったものではないんですよ。無限ページかもしれない。気が遠くなりそうです。

それから小川さんが名付けた「悪魔的な問題」がどれなのか。僕だけにこっそり教えてくれないかな。世界の生意気な天才たちに「あんたダメよ。そんなことしたって無理よ」と軽くいなしてやるんだけどね（笑）。

あとがき

藤原正彦《ふじわらまさひこ》

物質主義、金銭至上《きんせんしじょう》主義が現代を覆《おお》っている。その結果であろう、最近では物事の価値が、役に立つか立たないかで判断されるようになった。この流れの中で、小学校では英語やパソコンや起業家精神などが教えられ、中学生に株や債権《さいけん》を教えることが検討されている。大学でも役に立つ学問ばかりが奨励《しょうれい》され、産学協同ばかりが声高に叫《さけ》ばれている。一方で小中学校では、人間の知的活動の土台ともいえる国語と数学が著しく軽視されている。小中高大とすべての段階で、強調されるのは実学ばかりである。

本書では、この風潮に一矢《いっし》を報いんと、作家の小川洋子さんと二人三脚《ににんさんきゃく》で、高貴な学問の代表である数学の復権を試みた。と言っても、本書は、哲学論《てつがくろん》でも教育論でもなく、作家が数学者に数学の素朴《そぼく》な質問を投げかける、という世にも珍《めずら》しいスタイルとなっている。

上品で物静かな小川さんに対し、がさつな私のしゃべり過ぎが少々目立つが、これは問いより答えの方が普通長くなる、ということで容赦《ようしゃ》願いたい。

二人を結びつけたのは、拙著《せっちょ》『天才の栄光と挫折』や『心は孤独な数学者』を読み触《しょく》発《はっ》された小川さんが、名著『博士の愛した数式』をものしたことである。家政婦とその十歳になる息子《むすこ》、そして数学の老教授という三人に通い合うほのぼのとした愛を、数学と野球という未《いま》だかつて誰《だれ》も考えたことのない組み合わせを触媒《しょくばい》として、見事に描《えが》いた作品である。

数学と野球を結びつけているのが完全数である。すべての約数の和が自分自身に等しい、という稀《まれ》な数である。阪神タイガースの江夏《えなつ》の背番号28が完全数（1＋2＋4＋7＋14＝28）という小川さんの発見をキーとしている。

私はこの作品のその箇所《かしょ》を読んだ時、「出たーっ、小川さん、これに気づいた瞬間《しゅんかん》、きっと小躍《こおど》りしただろうな」と思い、なぜか自分までうれしくなったのを覚えている。小川さんは本書で、その時「これで書けるという確信をもった」とやや控《ひか》え目《め》に語っている。私はこれを聞いて、二人が同じ波長を共有していたと思い、またうれしくなった。この共鳴があったからこそ私の単なる駄作《ださく》が、後世に残る名作を生むきっかけとなる、という栄誉《えいよ》を得たのだろう。

この対論を通じ私は、小川さんの数学的発想の鋭《するど》さにしばしば驚《おどろ》かされた。文学と数学では、表現の仕方こそ違《ちが》っていても、感覚的に相似《そうじ》の部分がかなりある、ということなのだろう。

学校の数学では、基本概念《がいねん》を理解し、それを用いて問題を素早く解く、ということがもっとも重視され、数学の美しさを観照するまでは通常至《いた》らない。本書ではその美しさを中心テーマとした。

数学や文学や芸術でもっとも大切なのは、美と感動だと思う。これらは金もうけに役立たないし、病気を治すのにも、平和を達成するのにも、犯罪を少なくするのにもほとんど役立たない。

しかし、はたして人間は金もうけに成功し、健康で、安全で裕福《ゆうふく》な生活を送るだけで、

「この世に生まれてきてよかった」と心から思えるだろうか。「生まれてきてよかった」と感じさせるものは美や感動をおいて他にないだろう。数学や文学や芸術はそれらを与えてくれるという点で、もっとも本質的に人類の役に立っている。読者がそんな私の、そしておそらく小川さんの、想《おも》いを感じていただければ幸いである。

末筆となったが、本書を企画した筑摩《ちくま》書房《しょぼう》の松田《まつだ》哲夫《てつお》氏（なんと私の小学校の後輩《こうはい》）、そして丁丁発止で飛《と》び散《ち》りそうだった対論をうまくまとめてくれた四條詠子《しじょうえいこ》さんの両氏に、著者二人を代表しこの場をかりてお礼を申し上げたい。

本書を制作するにあたり、株式会社資生堂企業文化部ワード編集室のスタッフの皆さまにご協力頂きました。ここに感謝いたします。

chikuma primer shinsho

ちくまプリマー新書 011
世《よ》にも美《うつく》しい数学入門《すうがくにゅうもん》
二〇〇五年四月十日　初版第一刷発行
二〇二四年二月十日　初版第二十三刷発行
著者　藤原正彦（ふじわら・まさひこ）
小川洋子（おがわ・ようこ）
装幀　クラフト・エヴィング商會
発行者　喜入冬子
発行所　株式会社筑摩書房
東京都台東区蔵前二-五-三　〒一一一-八七五五
電話番号　〇三-五六八七-二六〇一（代表）
印刷・製本　株式会社精興社
ISBN978-4-480-68711-1 C0241 Printed in Japan
©FUJIWARA MASAHIKO/OGAWA YOKO 2005
乱丁・落丁本の場合は、送料小社負担でお取り替えいたします。
本書をコピー、スキャニング等の方法により無許諾で複製することは、法令に規定された場合を除いて禁止されています。請負業者等の第三者によるデジタル化は一切認められていませんので、ご注意ください。